海关“12 …… 牢”系列
…… 指导丛书

进出境动植物检疫实务

非贸渠道篇

总策划◎韩　钢
总主编◎顾忠盈
主　编◎肖文清　副主编◎周淑辉　许萍萍

中国海关出版社有限公司
中国·北京

图书在版编目（CIP）数据

进出境动植物检疫实务. 非贸渠道篇 / 肖文清主编. 北京：中国海关出版社有限公司，2024. 6. -- ISBN 978-7-5175-0822-9

Ⅰ. S851. 34；S41

中国国家版本馆 CIP 数据核字第 2024SJ1549 号

进出境动植物检疫实务：非贸渠道篇

JINCHUJING DONGZHIWU JIANYI SHIWU：FEIMAO QUDAO PIAN

总 策 划：韩 钢
主　　编：肖文清
责任编辑：孙 倩 朱 言
出版发行：中国海关出版社有限公司
社　　址：北京市朝阳区东四环南路甲 1 号　　邮政编码：100023
网　　址：www. hgcbs. com. cn
编 辑 部：01065194242-7521（电话）
发 行 部：01065194221/4238/4246/5127（电话）
社办书店：01065195616（电话）
https：//weidian. com/？userid＝319526934（网址）
印　　刷：北京联兴盛业印刷股份有限公司　　经　　销：新华书店
开　　本：710mm×1000mm　1/16
印　　张：14. 5　　字　　数：240 千字
版　　次：2024 年 6 月第 1 版
印　　次：2024 年 6 月第 1 次印刷
书　　号：ISBN 978－7－5175－0822－9
定　　价：68. 00 元

本书编委会

总 策 划：韩 钢

总 主 编：顾忠盈

主　　编：肖文清

副 主 编：周淑辉　许萍萍

编委会成员：（按姓氏笔画排序）

万晓泳　王威麟　包卫东　李 青　李 响

张 宁　罗 欢　胡 雯　耿 捷　曹 晶

薛华杰

前 言

近年来，我国外来入侵物种数量呈上升趋势，生物安全形势严峻。根据中华人民共和国生态环境部发布的《2020中国生态环境状况公报》，目前我国已发现660多种外来入侵物种，近十年来增加30%以上。从全国海关各口岸截获有害生物数量上来看，近年来也是居高不下，种类达4000多种。

中共中央总书记习近平在中共中央政治局第三十三次集体学习时强调，生物安全关乎人民生命健康，关乎国家长治久安，关乎中华民族永续发展，是国家总体安全的重要组成部分，也是影响乃至重塑世界格局的重要力量。党的十八大以来，党中央把加强生物安全建设摆上更加突出的位置，纳入国家安全战略，颁布施行生物安全法，出台国家生物安全政策和国家生物安全战略，健全国家生物安全工作组织领导体制机制，积极应对生物安全重大风险，我国生物安全防范意识和防护能力不断增强，生物安全基础不断巩固，生物安全建设取得历史性成就。

为了维护国家安全，防范和应对生物安全风险，海关总署坚决贯彻落实党中央、国务院决策部署，加大口岸动植物检疫力度，为阻断外来有害生物入侵、守护国门生物安全、保障人民生命健康、保护生物资源和生态环境发挥了重要作用。近年来，海关在持续加强对贸易渠道外来入侵物种和外来有害生物的防控的同时，也高度重视旅客携带、邮寄进境和跨境电商等非贸渠道的潜在风险防控。仅2021年1月至8月，海关在邮件、快件、旅客携带物等非贸渠道截获禁止进境活体动植物等外来物种5868批次，其中在进境邮包中多次截获活体甲虫、蚂蚁、蛙类等外来物种。

为了更好地指导全国口岸开展日常检疫工作，海关总署动植物检疫司组织了上海海关、南京海关、深圳海关、成都海关等直属关长期工作在口岸一线和技术中心的关员和专家，编纂了《进出境动植物检疫实务：非贸渠道篇》一书。本书在回顾我国非贸渠道的发展历程和概述国内外动植物检疫监管体系的基础上，剖析了潜在的国门生物安全风险，并收集了近年来全国口岸非贸渠道的截获案例，内容翔实、图文并茂，用浅显易懂的方式介绍了进出境人员携带物检疫、进出境邮寄物检疫、进出境快件检疫及跨境电商检疫历程，以及风险监管体系和国门生物安全相关内容。

全书共分为五章，由上海海关肖文清负责统筹编写。第一章“非贸渠道动植物检疫概述”，由南京海关许萍萍、包卫东、万晓泳编写；第二章“出入境人员携带物动植物检疫”，由深圳海关耿捷、李青和上海海关曹晶编写；第三章“进出境邮寄物动植物检疫”由成都海关王威麟、上海海关张宁编写；第四章“进出境快件动植物检疫”由成都海关罗欢、上海海关李响编写；第五章“跨境电商动植物检疫”由上海海关周淑辉、薛华杰、胡雯编写。在此衷心感谢海关总署动植物检疫司、上海海关、南京海关、深圳海关、成都海关等各级领导，也衷心感谢长期在一线检疫岗位默默奉献的全体同行。此外，还要特别感谢上海海关陈佳昕、谢尚喆、杨马隽，南京海关林枫，深圳海关欧秋玲、李林俐、汪莹，成都海关张涛、叶克应、韩恩泽，在本书编纂过程提供素材和给予帮助。

本书可作为海关关员使用参考书，也可供从事农林渔业、环保及外贸等工作的人员参考。由于作者水平有限，在本书编写过程中，难免存在疏漏之处，敬请读者批评指正。

编者

2024 年 3 月

CONTENTS
目录

第一章

非贸渠道动植物检疫概述

CHAPTER 1

非贸渠道的动植物检疫主要针对进出境携带、寄递的物品。虽然在以国内大循环为主体、国内国际双循环相互促进的新发展格局下，非贸渠道的个人携带物、寄递物品量并不是最重要组成部分，但因非贸渠道检疫对象数量多、品种杂、来源广、隐蔽性强，检疫监管手段相对单一，其所引发及可能带来的国门生物安全的风险较贸易渠道要高出很多，已引起海关部门的高度重视。

第一节
非贸渠道概述

一、非贸渠道的概念

非贸渠道的概念目前尚无法律法规条款予以明确定义，从海关监管角度出发，通常认为非贸渠道对应进出口货物贸易渠道，是个人携带的行李物品、寄递的物品进出境的方式。其主要包括出入境人员携带、进出境邮寄、进出境快件、跨境电商等方式。

出入境人员携带是指出入境人员（包括进出境的旅客，享有外交、领事特权与豁免权的外交代表，出入境交通工具上的乘务人员等）通过随身携带以及所搭乘的交通工具托运和分离运输物品的方式。通俗来说，就是所有人员通过水运口岸、航空口岸、铁路口岸及公路口岸进出境时，随身携带、托运或者分离运输物品的方式。

进出境邮寄是指通过国家、地区邮政运递渠道，以各种运输方式运输进出境物品的方式。

进出境快件是指进出境快件运营人以向客户承诺的快速商业运作方式承揽、承运的进出境货物、物品。非贸渠道的进出境快件是指非货物类的快件。

跨境电商是指分属不同关境的交易主体，通过电子商务平台达成交易意向，进行支付结算，并通过跨境物流传递商品、完成交易的一种国际商业活动。通常包括企业对企业（Business-to-Business，B2B），企业对消费者（Business-to-Consumer，B2C），个人对个人（Consumer-to-Consumer，C2C）等形式。非贸渠道的跨境电商主要有B2C和C2C两种形式。

二、非贸渠道的类别

（一）出入境人员携带

出入境人员通过水运口岸、航空口岸、铁路口岸及公路口岸进出境时携带物品，包括随身携带、托运或者分离运输的物品。据国家口岸管理办公室数据，截至2023年5月31日，全国34个省级行政区中，共有经国务院批准对外开放口岸315个，其中水运口岸129个，航空口岸83个，铁路口岸21个，公路口岸82个。详情见表1-1。

表1-1　我国对外开放口岸（数据截至2023年5月31日）

省别	数量	水运口岸	航空口岸	铁路口岸	公路口岸
北京	2		北京	北京	
天津	3	天津、渤中	天津		
河北	4	秦皇岛、唐山、黄骅	石家庄		
山西	3		太原、大同、运城		
内蒙古	20		呼和浩特、海拉尔、满洲里、鄂尔多斯、包头、二连浩特	二连浩特、满洲里	满洲里、二连浩特、珠恩嘎达布其、阿日哈沙特、阿尔山、额布都格、甘其毛都、满都拉、策克、黑山头、室韦、乌力吉
辽宁	13	大连、营口、丹东、庄河、葫芦岛、旅顺新港、锦州、长兴岛、盘锦	沈阳、大连	丹东	丹东

表1-1 续1

省别	数量	水运口岸	航空口岸	铁路口岸	公路口岸
吉林	16		长春、延吉	集安、图们、珲春	珲春、集安、圈河、临江、开山屯、三合、南坪、长白、古城里、沙坨子、双目峰
黑龙江	27	哈尔滨、富锦、佳木斯、同江、黑河、漠河、呼玛、逊克、抚远、孙吴、萝北、嘉荫、饶河	哈尔滨、佳木斯、齐齐哈尔、牡丹江	绥芬河、哈尔滨、同江	绥芬河、东宁、密山、虎林、黑瞎子岛、黑河（索道）、黑河
上海	3	上海	上海	上海	
江苏	26	连云港、张家港、南通、南京、镇江、江阴、扬州、泰州、常熟、太仓、常州、如皋、靖江、大丰、如东、启东、盐城	南京、盐城、徐州、常州、淮安、无锡、扬泰、南通、连云港		
浙江	10	温州、宁波、舟山、台州、嘉兴	杭州、宁波、温州、义乌、舟山		
安徽	7	芜湖、铜陵、安庆、池州、马鞍山	合肥、黄山		
福建	11	福州、厦门、泉州、漳州、宁德、莆田、平潭	厦门、福州、泉州、武夷山		
江西	2	九江	南昌		
山东	18	青岛、烟台、威海、龙口、石岛、日照、东营、蓬莱、莱州、龙眼、潍坊、董家口、滨州	青岛、济南、烟台、威海、临沂		
河南	3		郑州、洛阳	郑州	
湖北	5	武汉、黄石	武汉、宜昌、恩施		

表1-1　续2

省别	数量	水运口岸	航空口岸	铁路口岸	公路口岸
湖南	3	城陵矶	长沙、张家界		
广东	56	广州、湛江、汕头、汕尾、九洲、广海、蛇口、莲花山、赤湾、惠州、妈湾、盐田、茂名、阳江、大亚湾、珠海、潮州、万山、南沙、潮阳、虎门、大铲、新会、揭阳、湾仔、三埠、江门、肇庆、南海、斗门、鹤山、中山、容奇、高明、新塘	广州、深圳、揭阳、湛江、梅州	深圳、广州、东莞、广深港	文锦渡、沙头角、皇岗、罗湖、深圳湾、福田、港珠澳、莲塘、拱北、横琴、珠澳工业园、青茂
海南	8	海口、三亚、八所、洋浦、清澜	三亚、海口、博鳌		
广西	18	防城港、北海、钦州、梧州、柳州、贵港	南宁、桂林、北海	凭祥	友谊关、东兴、水口、龙邦、平孟、爱店、峒中、硕龙
四川	1		成都		
重庆	3	重庆	重庆、万州		
贵州	2		贵阳、遵义		
云南	21	思茅、景洪、关累	昆明、西双版纳、丽江、芒市	河口、磨憨	瑞丽、磨憨、打洛、河口、天保、都龙、勐康、金水河、畹町、腾冲、孟定、田蓬
西藏	5		拉萨		吉隆、普兰、樟木、里孜
陕西	1		西安		
甘肃	3		兰州、敦煌		马鬃山

表1-1　续3

省别	数量	水运口岸	航空口岸	铁路口岸	公路口岸
新疆	19		乌鲁木齐、喀什、伊宁	阿拉山口、霍尔果斯	红其拉甫、霍尔果斯、伊尔克什坦、吉木乃、巴克图、卡拉苏、都拉塔、吐尔尕特、塔克什肯、老爷庙、红山嘴、乌拉斯台、木扎尔特、阿黑土别克
宁夏	1		银川		
青海	1		西宁		
合计	315	129	83	21	82

我国约 960 万平方千米陆地面积，约 473 万平方千米海域面积上分布了包括水运、航空、铁路等 315 个对外开放口岸，开放口岸数量多，层次丰富，对海关切实履行检疫监管职能提出了很大的挑战。

1. 航空口岸

据中国民用航空局数据，截至 2023 年年底，我国境内（不含香港、澳门和台湾地区）运输机场 241 个，共有运输航空公司 66 家，共有定期航班航线 5206 条。其中，港澳台航线 65 条，国际航线 623 条。航空运输情况详见表 1-2。

表 1-2　2021—2023 年航空运输架次及旅客运输量

年度	运输总架次（万架次）	国际及港澳台航线运输架次（万架次）	旅客运输总量（万人次）	国际及港澳台航线旅客运输量（万人次）
2023	492. 19	29. 70	61 957. 64	3 574. 4
2022	256. 57	10. 83	25 171. 32	233. 00
2021	395. 20	10. 92	44 055. 74	206. 97

由 2021 年数据可以看出，新冠疫情对民航运输影响的深度和持续性远

超预期，并在2022年产生的影响最大。随着疫情发展态势和防控政策的调整，伴随着经济和产业的恢复，民航业也迅速实现复苏。

2. 水运口岸

现代邮轮产业诞生于20世纪60年代后期的北美洲。当今国际前三大邮轮集团分别是嘉年华、皇家加勒比和丽星邮轮，其中，嘉年华和皇家加勒比邮轮集团总部均位于北美。北美一直是世界上最大的邮轮市场，但从2009年开始，其份额逐年下降，欧洲邮轮市场增长迅猛，全球份额从2005年的22%逐渐攀升至2010年的30%左右。亚太地区是世界邮轮旅游市场中较年轻也是发展最快的一个地区。我国是这个区域中最主要的客源市场，也是重要的目的地。自2006年歌诗达邮轮在中国首航，近年来国内邮轮市场年均增速达到40%。据国际邮轮协会统计，2019年全球邮轮接待超过2930万人，作为世界第二大邮轮市场，我国共接待国际邮轮811艘次，邮轮出入境旅客合计416.5万人次。2020年，由于受新冠疫情影响，邮轮行业无论是在旅游人数还是收入上都大幅下滑，基本处于停摆状态。2023年3月底，交通运输部办公厅印发《国际邮轮运输有序试点复航方案》，按照“先开展试点，再逐步放开”的要求，明确在上海、深圳邮轮港口两个水路口岸有序推进国际邮轮运输试点复航。至此以后，邮轮产业整体呈回暖趋势。以上海口岸为例，根据上海市政府公布的数据，自上海试点复航以来，截至2023年8月中旬，其邮轮产业已实现船票销售收入超3亿元。

我国（不包括港澳台地区）目前正在使用的邮轮港口共15家，其中邮轮专用码头共8家，分别是上海吴淞口国际邮轮港、上海港国际客运中心、天津国际邮轮母港、青岛邮轮母港、深圳蛇口太子湾邮轮母港、三亚凤凰岛国际邮轮港、舟山群岛国际邮轮港、厦门国际邮轮母港。此外，还有经过改造的大连港国际邮轮中心、广州港国际邮轮母港、烟台港、秀英港、温州国际邮轮港、防城港、北海港7家邮轮港口。

3. 铁路口岸

我国对外开放的铁路口岸相对较少，其中，绝大多数开通货运班列。始建于1901年的满洲里口岸地处中、俄、蒙三国交界处，是中国最大的陆路口岸，也是连接“一带一路”沿线国家和地区的桥梁和纽带之一，开通有连接北京、秦皇岛、大连、沈阳等商业和旅游城市至俄罗斯赤塔州、伊尔库茨克直至莫斯科的旅游专列。丹东作为赴朝鲜旅游集散地和主要口岸，2011 年开通中国丹东至朝鲜新义州国际旅游 7001 次专列，每班次可搭乘 472 人。二连浩特口岸位于内蒙古自治区锡林郭勒盟西部，是中国通往蒙古国的唯一铁路口岸，也是亚欧大路桥中的重要战略枢纽，开通有由俄罗斯莫斯科发车，途经蒙古国乌兰巴托至中国北京的中蒙俄“二连浩特号”国际旅游专列。

4. 公路口岸

我国对外开放公路口岸 82 个，分布在 10 个省级行政区。罗湖口岸位于深圳罗湖区商业中心区南侧，与香港新界仅一河之隔，被誉为连接香港与内地的“第一口岸”。1950 年 7 月 1 日，经中央批准，罗湖口岸正式成为国家对外开放口岸。据统计，该口岸每年出入境旅客数量达 8000 多万人次，日均 20 多万人次。友谊关口岸位于广西凭祥市西南端，是中国通往东盟各国最大的陆路口岸，每年从凭祥友谊关口岸进出口的货物占广西与越南贸易量的近一半。2018 年，该口岸出入境人次首次突破 200 万人次。

（二）进出境邮快件

邮件、快件、寄递、快递的概念既有区别又有联系，《中华人民共和国邮政法》中定义如下。

寄递，是指将信件、包裹、印刷品等物品按照封装上的名址递送给特定个人或者单位的活动，包括收寄、分拣、运输、投递等环节。

快递，是指在承诺的时限内快速完成的寄递活动。即快递属于寄递范畴，属于承诺时限、更加快速的寄递活动。

邮件，是指邮政企业寄递的信件、包裹、汇款通知、报刊和其他印刷品等。

快件，是指快递企业递送的信件、包裹、印刷品等。

信件，是指信函、明信片。信函是指以套封形式按照名址递送给特定个人或者单位的缄封的信息载体，不包括书籍、报纸、期刊等。

包裹，是指按照封装上的名址递送给特定个人或者单位的独立封装的物品，其重量不超过 50 千克，任何一边的尺寸不超过 150 厘米，长、宽、高合计不超过 300 厘米。

邮件、快件的区别见表 1-3。

表 1-3　邮件、快件的区别

概念区别	邮件	快件	备注
运营主体	邮政企业	快递企业	具备申请条件，向省级及以上邮政管理部门申请快递运营许可即可运营快递。经营国际快递业务的，应当向国务院邮政管理部门提出申请
运营性质	邮件是由邮政提供的普遍服务，遵守万国邮政联盟规定	快件是市场经济发展的产物，主要为社会有特殊需求的成员提供个性化、限时送达的商业服务，具有私人产品的性质	邮政企业既能运营邮件、提供普遍服务，也可运营快件
运营内容	信件、包裹、汇款通知、报刊和其他印刷品等	信件、包裹、印刷品	外商不得投资经营信件的国内快递业务
时限要求	一般在 4～20 天，速度相对较慢	一般在 3～7 天，速度比邮件快	根据距离和运输路线的不同略有差异，也受政策、疫情等不可抗力因素影响
传递渠道	国际间的邮政服务遵守万国邮政联盟协议，主要通过邮局之间的连续投递完成服务	快件通过国际快件企业自身的网络或者联网的方式，将寄件人委托的包裹快捷地送到收件人手上的新型运输方式	邮件由各国的邮政公司相互合作完成传递；快件由一家母公司在各国的分公司完成传递
服务标准	邮政服务于社会全体成员，遵从万国邮政联盟关于让所有人可以接受的低价原则，具有相对统一的质量标准，提供社会成员之间基本的通信服务，更加注重服务的标准化和统一性	快件服务更注重于满足客户的个性化需求，提供“门对门”的便捷服务，其服务价格遵从价值规律，根据不同的价格提供不同的服务效率与服务程度	快件提供的服务比邮件更周到，因此收费通常比邮件高

表1-3　续

概念区别	邮件	快件	备注
通关方式	国际邮件到达国际邮件互换局后，需要本人亲自办理相关手续，向海关申报，海关在邮件到达前无法预知邮件的内容	快件由收寄件人委托快件运营人，应用国际互联的计算机信息系统提前向海关申报和报关，海关根据快件运营人的申报，充分运用风险管理等原则，提前确定快件中哪些可以直接放行，哪些需要进行机检，哪些需要重点开拆查验，通关更加便捷	快件的信息化系统更成熟完善，相关信息更真实准确，通关效率更高

从国家邮政局公布的2017—2020年度邮政行业发展统计公报来看，邮政业务保持总体平稳、稳中有进的态势。国际/港澳台业务量占比稳定在2.2%左右、业务收入占比在9.7%~12.2%（见表1-4）。

表1-4　2017—2020年邮政寄递业务数据列表

年度	2020	2019	2018	2017
邮政寄递服务业务量（亿件）	255.4	247.2	237.1	235.8
同期相比（%）	+3.3	+4.3	+0.6	+1.8
邮政寄递服务收入（亿元人民币）	406.3	428.7	368.3	353.5
同期相比（%）	-5.2	+16.4	+4.2	+15.2
快递完成业务量（亿件）	833.6	635.2	507.1	400.6
同期相比（%）	+31.2	+25.3	+26.6	+28.0
快递服务收入（亿元人民币）	8795.4	7497.8	6038.4	4957.1
同期相比（%）	+17.3	+24.2	+21.8	+24.7
国际/港澳台快递业务量（亿件）	18.4	14.4	11.1	8.3
同期相比（%）	+27.7	+29.9	+34.0	+33.8
国际/港澳台快递业务量占全部比例（%）	2.2	2.2	2.2	2.1
国际/港澳台业务收入占全部比例（%）	12.2	10.0	9.7	10.7

（三）跨境电商

为推动跨境电商发展，2012 年 12 月 19 日，中华人民共和国国家发展和改革委员会、海关总署共同开展的国家跨境电子商务服务试点工作在郑州启动，上海、重庆、杭州、宁波、郑州这 5 个城市具备开展跨境电子商务服务试点的条件，这 5 个城市通过先行先试，依托电子口岸建设机制和平台优势，实现外贸电子商务企业与口岸管理部门的业务协同与数据共享，能够解决制约跨境电子商务发展的瓶颈问题。2015 年 3 月，国务院首次批复在杭州设立跨境电子商务综合试验区；2016 年 1 月，国务院同意在天津等 12 个城市设立跨境电子商务综合试验区；2018 年 7 月，国务院同意在北京等 22 个城市设立跨境电子商务综合试验区；2019 年 12 月，国务院同意在石家庄等 24 个城市设立跨境电子商务综合试验区；2020 年 4 月 7 日国务院常务会议上，推出增设跨境电子商务综合试验区，会议决定，在已设立 59 个跨境电商综合试验区基础上，再新设 46 个跨境电商综合试验区。至此跨境电商综合试验区已经经过 5 次扩围，全国具有跨境电商综合试验区的城市数量达到 105 个，覆盖全国 30 个省、自治区和直辖市。2021 年 3 月，跨境电商零售进口试点扩大至所有自贸试验区、跨境电商综合试验区、综合保税区、进口贸易促进创新示范区、保税物流中心（B 型）所在城市（及区域）。通过跨境电商综合试验区设置，各地海关着力在跨境电商相关环节的技术标准、业务流程、监管模式和信息化建设等方面先行先试，为推动全国跨境电商发展提供可复制、可推广的经验，用新模式为外贸发展提供新支撑。

目前，中国跨境电商交易仍以 B2B 为主。根据 2021 年 5 月网经社电子商务研究中心发布的《2020 年度中国跨境电商市场数据报告》显示，2020 年中国跨境电商市场规模达 12. 5 万亿元人民币，同比增长 19. 04%，跨境电商 B2B 交易占比达 77. 3%，跨境电商 B2C 交易占比 22. 7%。B 端线上销售与采购习惯加速养成，大量 B 端商家将销售行为转到线上，以无接触采购来满足下游买家的采购需求，带动 B2B 电商平台上游供应商与下游用户规模的基数增长。从历年我国跨境电商交易规模来看，B2B 和 B2C 均呈逐年上升趋势，如图 1-1 所示。

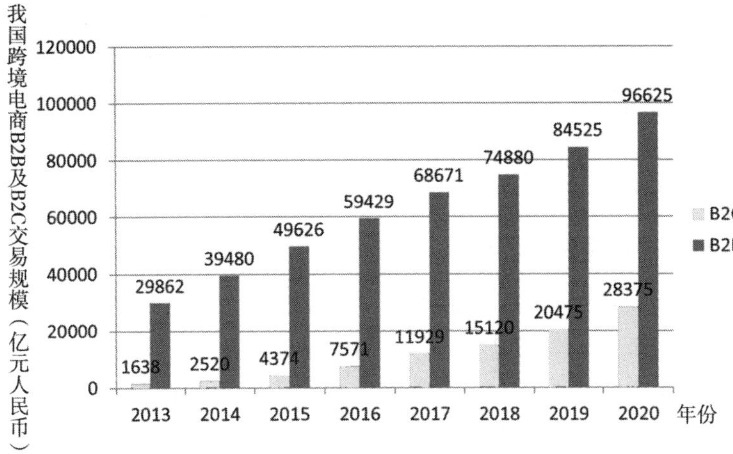

图 1-1　2013—2020 年我国跨境电商 B2B 及 B2C 交易规模

三、非贸渠道的发展历程

（一）行邮快件发展历程

要追溯“行邮快件”的历史，大概得回到公元前 139 年，汉武帝作为首位“海淘体验官”，安排“快递员”张骞等一队人马开辟了首条“海外直邮”通道——丝绸之路，连接长安（今西安）和意大利首都罗马，让我国丝绸远销海外，也将海外的农产品、珠宝等带入中华大地，打通了中西方经济、文化交流的通道。这一阶段，“海淘”业务的开通直接促进了跨境贸易，中西方各取所需，带来了实际的经济利益。

自此，跨境贸易持续发展，从唐朝玄奘西行，到宋朝刺桐城（今泉州）、临安（今杭州）、永嘉（今温州）等通商口岸的开通，以及明朝郑和下西洋均促使“口岸经济”不断发展，越来越多的“海淘”商品能够漂洋过海进入我国，但消费主力依然是王公贵族，普通老百姓想要购入一件来自海外的商品并不容易。可以说，这个阶段的“海淘”，除了国家间的贸易需求，更多的是权贵们彰显自身实力、为富足生活锦上添花的手段。第一次鸦片战争后，进出境人员激增，邮快件也相对大幅增加。

近年来，随着我国人民生活水平的不断提升，我国对外开放力度不断加大，尤其是“一带一路”互联互通政策的实施，极大地推动了对外经济的发展，居民出境旅游、探亲、商务也随之大幅增长，港澳台同胞来往频繁。2019 年全国出入境人员 6.7 亿人次，同比增长 3.8%；全年，内地居民出入境 3.5 亿人次，香港、澳门居民来往内地人次分别为 1.6 亿、5358.7 万，台湾同胞来往大陆为 1227.8 万人次，外国人出入境 9767.5 万人次。全年国际/港澳台快递业务量完成 14.4 亿件，同比增长 29.9%。邮快件行业发展势头迅猛。

（二）跨境电商发展历程

随着全球经济一体化进程加快、科技进步、经济发展及消费体验升级，跨境电子商务逐渐从电子商务中脱颖而出。在政府的政策宣传与鼓励下，很大一部分传统电子商务从业者转型升级并走出国门，进一步拓展全球市场。

近年来，我国电子商务贸易始终保持相对稳定的增长。随着“互联网+”时代的来临，跨境电商站到了资本市场的风口上。2015 年，中国跨境电商交易规模为 5.4 万亿元人民币，同比增长 28.6%。其中跨境出口交易规模达 4.49 万亿元人民币，跨境进口交易规模达 9072 亿元人民币。中国跨境电商的进出口结构比例中出口电商占比 83.2%，进口电商占比 16.8%。2020 年受疫情影响，线下消费受到抑制，为线上消费带来了全球性的机遇。与此同时，国家政策支持促进了跨境电商快速发展。报告显示，2020 年中国跨境电商市场规模达 12.5 万亿元，同比增长 19.04%，在进出口结构上，出口占比 77.6%，进口占比 22.4%；2021 年中国跨境电商市场规模 14.2 万亿元，同比增长 13.6%，在进出口结构上，出口占比 77.46%，进口占比 22.54%；2022 年中国跨境电商市场规模达 15.7 万亿元，同比增长 10.56%，在进出口结构上，出口占比 77.25%，进口占比 22.75%。

拓展阅读 海淘体验官——“丝绸之路的开拓者” 张骞

张骞（约公元前 164 年—公元前 114 年）是汉武帝时期杰出的外交家、探险家、旅行家，他是“丝绸之路的开拓者”，被誉为“东方的哥伦布”。

张骞曾先后两次出使西域，张骞的队伍到达过车师、乌孙、大宛等十余个西域国家，足迹遍及中亚、西亚及欧洲地区。他开辟了历史上著名的丝绸之路，他把中国的丝绸、茶叶、漆器等带往西域的同时，也把西域的核桃、蚕豆、芝麻、葡萄、石榴、香菜、胡萝卜、黄瓜、大蒜等农产品以及狮子、犀牛、汗血马等动物带到了中国。

张骞带回的食物中，核桃又叫胡桃，蚕豆又叫胡豆，黄瓜又叫胡瓜，为什么这些食物前都会有个“胡”字？这是因为中国古代把西域或西北地区的少数民族称作“胡”，以此表明这些食品的来源。这些食品后经过选育和改良都成了国民饭桌上的“常客”，极大地丰富了人民的生活。

第二节 非贸渠道的动植物检疫

一、非贸渠道动植物检疫的概况

非贸渠道对应于进出口货物贸易渠道，是个人携带的行李物品以及寄递物品的进出境方式。因此，非贸渠道动植物检疫是针对上述途径进出境的物品进行动植物检疫的行为，主要包括通过人员携带、邮件、快件、电商等方式进出境物品的动植物检疫工作。

随着我国对外开放的进一步深入，中国与世界其他国家（地区）在人员、物资、能源、技术等领域的互通越来越频繁，由此带来的进出境人员、邮件、快件以及跨境电商的业务量呈现暴发式增长的态势。国家移民管理局、国家邮政局、海关总署、网经社电子商务研究中心相关统计数据显示，2019 年我国出入境人员达 6.7 亿人次，同比增加 3.8%。2020 年出入境人员 1.19 亿人次，同比下降 82.2%。2019 年国际及港澳台快递业务量完成 14.4 亿件，同比增长 29.9%；跨境电商进出口市场规模达 10.5 万亿元，同比增长 16.6%，其中出口为 8.03 万亿元，进口为 2.47 万亿元。2020 年，国际/港澳台快递业务量完成 18.4 亿件，同比增长 27.7%；跨境电商进出口市场规模达 12.5 万亿元，同比增长 19.04%，其中出口为 9.7 万亿元，进口为 2.8 万亿元。

随着国际交流越来越频繁，近年来，我国各非贸渠道截获的禁止进境动植物产品数量明显增加。海关总署统计数据显示，2019—2020 年，全国海关从进境旅客携带物中查获各类禁止进境的动植物及其产品 276606 批次，从中检出各种疫病疫情 5432 种 36751 种次。2019 年 6 月，深圳海关所属西九龙站海关查获某旅客携带入境的非洲大蜗牛一头；同年 9 月，厦门海关所属邮局海关从一件来自台湾省、申报为“礼品”的邮件中，查获 15 只活体蜥蜴；2020 年 11 月哈尔滨太平机场海关从旅客携带入境的水果中检出番石榴果实蝇，我国已将番石榴实蝇列为检疫性有害生物。

《中华人民共和国进出境动植物检疫法》规定，为防止疫病疫情随动植物和动植物产品入境，未经检疫许可的动植物及动植物产品不得携带或者邮寄入境。2021 年 10 月 20 日，农业农村部、海关总署公告第 470 号《中华人民共和国禁止携带、寄递进境的动植物及其产品和其他检疫物名录》（以下简称《名录》）发布。《名录》自发布之日起生效，适用于进（过）境旅客、进境交通运输工具司乘人员、自境外进入边民互市或海关特殊监管区域内的人员、享有外交特权和豁免权的人员随身携带或分离托运，以及邮递、快件和跨境电商直购进口等寄递方式进境的动植物及其产品和其他检疫物。随着国际分工和贸易的进一步发展，出入境人员和寄递物品日益增多。上述禁止进境的物品的多样化和隐蔽性增强，给海关监管部门带来很大压力，在一定程度上促使海关进一步加大风险管控力度，在确保经济发展的前提下更好地保护国门生物安全。

2021 年 4 月 15 日，《中华人民共和国生物安全法》正式施行，非贸渠道动植物检疫作为保障生物安全的重要措施，除坚持《中华人民共和国生物安全法》的基本原则外，还应体现维护国家主权、尊重和保护生命健康权、保障国内农业生产有序开展、保护物种资源、维护生态环境健康发展的要素。

二、非贸渠道动植物检疫发展历程

（一）出入境人员携带物检疫的发展历程

动植物检疫监管工作最早可追溯到春秋战国时期，秦国颁布的《秦律》中就有为防止疫病传播而对传播媒介进行防治的记载。

出入境旅客携带物检疫工作最早于 1954 年开展，我国政府公布的《输出输入植物检疫暂行办法》规定，输出输入植物须经商品检验局实施检疫。同年，广州港、安东（现丹东）国际列车和 1955 年年初北京西郊机场等相继开展了旅客携带植物的检疫工作。

1956 年 1 月，对外贸易部发布了《关于试办旅客携带植物检疫问题的通知》，要求各口岸逐步开展入境旅客携带植物的检疫工作。

1957 年，对外贸易部商品检验总局印发《关于旅客携带输入植物检疫问题的通知》，旅客携带植物检疫工作正式开展。

1959 年，香港暴发口蹄疫，广东对旅客携带物实施检疫，禁止旅客携带肉类、皮毛等入境。

1964 年，进出境植物检疫工作从对外贸易部划归农业部管理。

1965 年，农业部在主要口岸建立了动植物检疫所（站），执行出入境旅客携带动植物检疫任务。

1981 年，北京动物检疫所和北京植物检疫所派出的首批动植物检疫官员常驻首都国际机场，标志着口岸出入境人员携带物检疫查验工作正式启航。

随着时代的发展，出入境的人数大幅上升，口岸出入境人员携带物检疫查验工作方式也发生着翻天覆地的变化。20 世纪 80 年代初期，主要是检疫官与海关关员共同对行李物品实施查验。到了 80 年代后期，海关引入了 X 光机等查验设施，工作方式由检疫官员与海关关员共同查验转变为检疫官员配合海关关员过机查验。当海关关员在过机检查过程中，发现携带物中有疑似动植物及其产品时，会移交给现场的检疫官员进行处置。

1982 年，国务院颁布的《中华人民共和国进出口动植物检疫条例》将海关旅客检查工作单独列为一章，明确规定旅客携带动植物、动植物产品入境时，必须接受检疫。

1991 年颁布的《中华人民共和国进出境动植物检疫法》第五章专门就旅客携带、邮寄物检疫作了明确的规定，第一次相对完整地勾勒了中国旅邮检初步清晰的轮廓。但当时的旅邮检工作还在起步阶段，主要存在于大型开放口岸。特别是邮检工作大都属于附带性的工作，未能形成专门机构、人员设施等。

1992 年，《中华人民共和国进出境动植物检疫法》颁布实施，第一次以法律的形式明确规定，旅客携带进境管制物品，需要向海关进行申报，并接受检疫官员的检疫查验。

1995 年，国家动植物检疫总所更名为国家动植物检疫局。

1998 年 3 月国务院机构改革方案确定，国家进出口商品检验局、国家动植物检疫局和国家卫生检疫局合并组建国家出入境检验检疫局，并于 1998 年 4 月成立。

自 1999 年开始，出入境人员携带物查验工作模式转变为前台申报、后台查验的模式。旅客先填写健康申明卡，交最前端检疫官实施卫生检疫，然后经过边防检查，提取托运行李后，再通过行李查验区域。

2001 年 4 月，国家出入境检验检疫局与国家质量技术监督局合并，组成国家质量监督检验检疫总局（简称国家质检总局）。

2005 年 7 月，海关要求旅客填报“海关出入境旅客行李物品申报单”，明确列出了法律法规中规定的出入境动植物检疫物品名单，所有入境人员必须按照要求进行申报，并依法接受查验。海关和检验检疫部门开展试行“一机两屏”查验模式，即一台 X 光机，两台显示屏。至此，“人—机—犬”三位一体的入境人员携带物查验模式正式实施。

2018 年，根据国务院机构改革方案，出入境检验检疫的职责和队伍划入海关。关检融合后，海关总署提出“查检合一”的监管模式。入境人员携带物查验也实现了真正的一次过机、一次查验。

（二）进出境邮寄物检疫工作的发展历程

中国进出境邮寄物动植物检疫工作于 1934 年萌芽于上海，以国民政府公布的《实业部商品检验局植物病虫害检验施行细则》为标志。其首次提出了“凡由国外输入的植物由检验局派员赴船坞码头或邮局或指定地点执行检验”这一要求。1935 年 4 月 20 日，国民政府上海商品检验局派员赴邮局执行进口邮件植物检验任务，并于 1936 年开始对进口邮件实施检疫，我国邮寄物检疫工作正式登上历史的舞台。

1937 年 7 月，抗日战争全面爆发，在全国实施进出口动植物检疫的商品检验局、检查所、隔离场等相继停止工作。

中华人民共和国成立后，无论是从维护国家主权、国家安全、国家利益出发，还是遵循国际规则与惯例、履行国家法律法规规定，邮寄物检疫工作已经成为保障经济平稳运行和口岸安全非常重要、不可或缺的组成部分。

1949 年 11 月，中央人民政府贸易部成立，在国外贸易司内设商品检验处，统一领导全国商品检验机构，并在上海、天津、广州、青岛等地恢复设立商品检验局。

1952 年 8 月，中央人民政府贸易部被撤销后，成立中央人民政府对外贸易部和商业部；1954 年，中央人民政府对外贸易部改名为中华人民共和国对外贸易部。

1954 年，对外贸易部公布的《输出输入植物检疫暂行办法》第七条规定："凡规定应实施检疫之输入植物，由邮局寄递入国境者，亦须经商品检验局施行检疫，经核准放行后，始得提取。"同年 11 月 30 日，对外贸易部和邮电部联合发出《关于邮寄输入植物检疫补充规定的联合指示》，并附有对外贸易部全国商品检验局 9 月召开的输出入植物检疫技术研讨会所讨论通过的《邮寄输入植物检疫补充规定》，规定了具体应实施检疫的植物及其产品范围，发现不合格情况的处置措施以及开展邮寄物检疫的程序，并规定邮寄输入植物必须经输出国政府施行检疫，取得植物检疫证书，将该证书与植物一同妥封于邮件内。其中第四条规定："应施检疫之邮寄输入植物于到达国际邮件交换局时，由海关驻邮局办事处通知商检局或将邮件送交商品检验局施行检疫，各地商检局亦得根据业务之需要，派员长驻或定期前往海关驻邮局办事处执行检疫。"该补充规定的颁布执行为输入邮寄植物及植物产品的检疫提供了执法依据，并为邮寄植物检疫的健全和发展奠定了基础。

1964 年 2 月 29 日，国务院批转农业部、对外贸易部《关于由农业部接管对外植物检疫工作的请示报告》，决定将对外植物检疫从对外贸易部划归农业部领导。

1966 年 9 月 16 日，农业部、对外贸易部发布《印发〈农业部关于执行对外植物检疫工作的几项规定（草案）〉和〈进口植物检疫对象（草案）〉的联合通知》。此通知第四条规定："凡是行李、邮件和包裹等由植物检疫机关会同海关登轮、登车检查或在海关的行李邮包检查处执行检验检疫。"凡经检疫机关检疫过的邮件，未发现检疫对象的，在邮件上加盖"邮寄植物检疫放行章"放行。发现检疫对象或合同中规定的病、虫、杂草时，凡能经过处理后合格的，签发处理通知单，连同邮件交给邮局转交收件人。尚无有效处理方法的将邮件退回寄件人；如病虫害正在扩散的，由植物检疫机关扣留销毁，签发通知单说明情况，由邮局转交寄件人。

1978 年后，为适应口岸对外检疫不断发展的需要，进口邮件检疫从单一的植物检疫扩展到动物检疫，实行动植物全面检疫。

随着国内人民的生活水平的提高，豆类、肉乳制品等以农副产品为主的进境邮寄物自20世纪80年代起大幅度减少，1993年后每年接受动植物检疫的邮寄物均在百件以内。进境邮寄物数量明显减少，但进境邮寄物检疫工作仍得加强。一是受检的进境邮寄物中约90%为植物种子、苗木，其检疫要求与难度明显高于一般的动植物产品；二是快递业兴起，进境邮寄物检疫增加了新的内容。

进境邮寄动植物检疫会同邮局、海关配合执行。具体的做法是：

邮局负责分包，海关进行检查，发现有应检动植物的包裹，由海关移交口岸动植物检疫机关进行检验，口岸动植物检疫机关根据自己业务情况，采取派检疫员定期前往邮局办理检疫业务；邮局入境动植物和动植物产品，经检疫合格的，当场加盖动植物检疫放行章，交邮局放行；邮寄的动植物及其产品，若检疫人员现场不能得出检疫结果，需截留作实验室检疫的，向邮局办理截留手续，通知收货人填写《引进种子苗木审批单》，经检验符合检疫要求后再放行；经检疫发现有病、虫、杂草等疫情不符合检疫要求的，作扣没销毁处理，并通知货主。

自2001年我国加入世界贸易组织，进出境邮寄业在二十多年间得以迅速发展。在《中华人民共和国进出境动植物检疫法》及其实施条例的法律框架下，逐渐形成了以《进出境邮寄物检疫管理办法》为核心，以《中华人民共和国禁止携带、寄递进境的动植物及其产品和其他检疫物名录》为执法依据的法律法规体系。进境邮寄物检疫工作的体制建设日臻完善，业务开展日趋成熟，执法力量日益健全。

（三）国际快件动植物检疫的发展历程

随着跨境贸易产业的迅猛增长，国际快件作为跨境贸易的主要物流方式呈现暴发性增长。1998年海关总署发布《中华人民共和国海关对进出境快件监管办法》。该管理办法于2002年进行修订，自2004年1月1日起施行。2001年国家质量监督检验检疫总局公布《中华人民共和国出入境快件检验检疫管理办法》，于2018年4月进行修订。这两个管理办法规范和细化了进出境快件的监管要求和工作规程。

现阶段，快件动植物检疫工作开始迈向新时代。2009年，海关总署监管司发布《关于组织实施快件机检图像与快件报关单信息同屏对比的通知》；2016 年，海关总署颁布《关于启用新快件通关系统相关事宜的公告》；2018 年，海关总署出台《海关总署关于升级新快件通关管理系统相关事宜的公告》，进一步加大信息化技术运用、提高快件通关效率、提升海关查验效能、加强对快件渠道走私违法违规行为的查缉力度；为规范进出境快件风险防控工作，同年印发《快件风险布控与风险参数操作指引（暂行）》的通知；2019 年，海关总署出台《海关进出境快件风险防控管理办法》，建立健全跨层级、跨部门的协同配合机制，有效防控快件各类安全准入（准出）风险和税收征管风险。

（四）跨境电商动植物检疫的发展

随着互联网经济和国内电商的迅速发展，跨境电商对我国进出口贸易总规模贡献率日益增加，得到国家各部委及地方政府的重视。海关总署遵循电子商务规律，发挥电子商务全程数据留痕、可追溯的特性，创新理念和方法，改革通关监管模式，支持和促进跨境电商健康快速有序发展，积极探索适应跨境电商发展的政策措施，提出“一般出口”“特殊区域出口”“直购出口”和“网购保税出口”4 种新型海关通关监管模式。海关总署针对跨境电商产品运输进境形式先后出台了海关总署 2014 年第 12 号、2014 年第 57 号、2016 年第 75 号、2020 年第 72 号公告，增列海关监管方式代码 9610、1210、1239、9710 和 9810，即“跨境贸易电子商务”“保税跨境贸易电子商务”“保税跨境贸易电子商务 A”“跨境电子商务企业对企业直接出口”和“跨境电子商务出口海外仓”。

海关总署 2014 年第 12 号公告主要适用于境内消费者通过跨境电商平台达成交易，商品通过“清单核放”“汇总申报”模式通关进境的情况，通常情况下进境商品超出限额，并且经海关审核确定非个人自用的按照一般贸易方式通关。海关总署 2014 年第 57 号公告主要适用于境内消费者通过经海关认证的跨境电商平台完成交易，商品从海关保税监管场所发货并通关的情况，也即保税进口，为 B2C 企业将产品事先整批运入保税区，而后以邮快件形式缴纳行邮税并运出保税区。此种监管形式降低了产品进口的成本，但是也造成消费者为逃避税款而进行的拆单行为增加。海关总署 2016 年第 75 号公告则是对 2014 年第 57 号公告的进一步补充，适用于境内电商企业通过海关特殊监管区域或者保税物流中心（B 型）一线进境的跨境电商零售进口商品。海关总署 2020 年第 72 号公告中的两种监管方式主要适用于跨境电商企业对企业出口。

截至2016年年底，国家各部委和海关层面相继出台了几十项政策和措施，对跨境电商经营销售、交易支付、物流监控、进出境监管工作作出具体说明，放开了对跨境电商、商贸物流等方面的外贸准入限制，在一定程度上解决了跨境电商交易双方外汇资金收付及结售汇方面的问题，初步建立了电子商务出口检验检疫制度，尝试实施适应电子商务进出口的税收政策，严格规范了跨境电商流程与风险管理。2016年4月8日，中华人民共和国财政部、海关总署、国家税务总局联合发布《关于跨境电子商务零售进口税收政策的通知》，2016年11月商务部声明将此新政暂缓一年实施。此次改革明确将在保税区内备货的商品定性为货物，但比一般贸易货物给予一定便利，不再是模糊地确定为行邮物品。与此同时，也进一步将当前试点的四档行邮税率统一为新的跨境综合税汇率，水平介于当前行邮税和一般贸易税之间。新政的出台对保税进口模式产生了较大冲击，不少跨境电商平台纷纷转向建立海外仓。新政的暂缓实施给予企业和消费者进行转变的时间，跨境电商企业可以在政策过渡期对其自身进行优化，调整业务布局，从而顺利对接新政的正式执行。

海关对跨境电商监管的规定主要有《关于完善跨境电子商务零售进口监管有关工作的通知》（商财发〔2018〕486号）、《关于完善跨境电子商务零售进口税收政策的通知》（财关税〔2018〕49号）、《关于调整跨境电商零售进口商品清单的公告》（财政部2018年第157号公告）、《海关总署关于跨境电子商务零售进出口商品有关监管事宜的公告》（海关总署2018年第194号公告），明确对跨境电商零售进口商品按照个人自用进境物品监管，不执行有关商品首次进口许可批件、注册或备案要求。按照“政府部门、跨境电商企业、跨境电商平台、境内服务商、消费者各负其责”的原则，明确各方责任，实施有效监管。

三、非贸渠道动植物检疫的特点

在国际贸易日趋活跃的今天，越来越多的物品通过人员携带、邮包等形式跨境流转，由于此类物品数量多、品种杂、来源广、隐蔽性强、携疫率高，相对于贸易渠道来说，非贸渠道携带、寄递的物品具有更高的疫情风险。有别于传统贸易渠道，非贸渠道动植物检疫具有如下特点。

（一）非贸渠道检疫监管相对困难

经过几十年的发展，传统贸易渠道的动植物检疫工作已经形成了较为完备的管理制度和体系。相对而言，非贸渠道的动植物检疫工作面临着更多的困难和挑战。以进境水果为例，海关对传统贸易渠道的管控一般分为进境前、进境中、进境后三条防线展开。

传统贸易渠道在进境前有检疫准入制度、境外生产加工存放企业注册登记制度、境外预检制度、检疫审批制度。在这一阶段，海关总署对首次向中国申请出口的新鲜水果开展植物检疫风险分析，制定检疫性有害生物风险管理措施。输入中国水果的种植果园、包装厂和检疫处理单位须在出口前，由输出国家（地区）官方植物检疫部门进行注册并将注册名单通报中华人民共和国海关总署。海关总署审核批准后，通报输出国家（地区）官方植物检疫部门并在海关总署官方网站予以公布。根据双边动植物检疫议定书的要求，结合进境动植物及其产品的检疫工作需要，中国派出检疫官员到输出动植物及其产品的国家（地区）配合实施出口前的检验检疫工作。在签订进境水果贸易合同或协议前，进口企业应当按照有关规定向海关总署申请办理进境水果检疫审批手续，并取得《中华人民共和国进境动植物检疫许可证》。对于非贸渠道来说，由于携带和邮寄主体大多是个人，因个人爱好某种水果去推动上述复杂工作的开展，无论从可行性还是回报率上都行不通。但对于检疫违禁品，物品主人大多抱着碰运气的心态，即便查到，也可以放弃违禁品。

传统贸易渠道在进境中（即口岸）有指定进境口岸制度、口岸查验制度、实验室检测制度、安全风险监控制度、除害处理制度。进境水果必须从海关总署批准的进境水果指定口岸和监管场地入境。到达指定口岸后，一线关员根据系统相关指令对水果进行查验，验证品种、数量，并将有病虫害症状的水果样品送至指定实验室进行培养和鉴定。通过以上措施发现的不合格情况，海关采用退运、销毁、除害处理、改作他用等处置方式。对于非贸渠道来说，这些措施对于个人携带和寄递基本不适用。

传统贸易渠道在进境后有隔离检疫、疫情监测制度、回顾性审查等制度。海关在进境口岸、水果批发市场、存放水果的场站等地开展外来有害生物监测。一旦发现外来有害生物，立即启动封锁、扑灭等措施，同时及时调整进口水果政策。回顾性审查是指对输出国家（地区）检验检疫体系运行、疫情发生动态、有害生物截获情况作进一步风险评估，决定是否重新修订已有的植物检疫要求。非贸渠道入境的动植物产品品种杂、数量少、携疫风险高，一般无法实施隔离检疫，仅有进境伴侣动物，以及办理审批手续具备检疫证书的种子、种苗实施隔离检疫。

（二）非贸渠道申报信息相对模糊

传统贸易渠道的申报信息更加精准，而非贸渠道的申报信息则相对复杂和模糊。为了规范非贸渠道出入境物品的管理，主管部门制定了相关的管理办法，《出入境人员携带物检疫管理办法》第四条规定，出入境人员携带动植物、动植物产品和其他检疫物等物品入境时，应当向海关申报并接受检疫。《出入境快件检验检疫管理办法》第八条规定，快件运营人应按有关规定向海关办理报关手续。但在实际操作中却不尽如人意。

从携带物管理角度分析，海关要求所有入境人员在入境前进行健康申报和物品申报，但是从实际效果来看，入境人员普遍重视健康申报，申报信息相对准确，但是携带物的申报信息准确性较低。

从邮寄物管理角度分析，由于各国家（地区）的邮政公司对于电子数据信息有一定的保密要求，通常在进行跨境运递时，出口方只提供邮件面单号作为唯一的追溯编号，其他诸如物品名称、金额、数量，以及收发货人的姓名、地址和联系方式都无法提供，如需获得上述信息，必须从每个邮件的面单上人工提取。为了适应新要求，海关总署要求邮政企业提前将面单信息录入金关二期系统（邮寄物管理子系统），基本实现了邮件数据全申报。但是大部分面单的申报信息不完整、不真实，此外，大量邮件来自不使用英语、中文等联合国工作语言的国家（地区），面单信息难以识别，由此造成的漏检现象严重。海关曾多次在进境邮件中查获活体宠物昆虫，其品名大多申报为玩具、工艺品、个人物品等。

无论是入境人员还是邮包快件，其申报信息不真实主要基于以下三点原因：一是担心申报价值过高会面临高额的行邮税，所以倾向于申报成较低价值的物品；二是对于禁止携带入境的动植物产品的相关法律法规了解不够，在物品种类较多的情况下，不知道哪些是必须申报的物品；三是对生物安全的重视程度不够，存在故意伪报品名，夹藏夹带违禁动植物、动植物产品进境的情况。例如，2020 年苏州海关查获违规邮寄入境植物及其产品 134 批次，其中准确申报的只有 14 批次，申报准确率仅为 10.4%。

（三）非贸渠道违禁品来源更隐蔽复杂

贸易渠道进口的大宗动植物及其产品，在前期检疫准入阶段，经过多轮风险分析、风险评估，其可能携带的疫情疫病已基本掌握。在境外预检阶段，货物出口前，通过派出动植物检验检疫专家跟踪疫病疫情检测和控制，在货物抵达我国口岸时，其可能存在的动植物疫病疫情风险相对清晰，出现关注范围之外的疫病疫情的概率相对较小。

非贸渠道进境的动植物及其产品由于是个人携带、寄递，其实际的来源无法界定，其生长、繁育阶段，以及运输阶段的染疫风险无法事先预估，再加上非贸渠道个人申报环节相对薄弱，因此动物疫病、植物有害生物的检出较多。例如，我国公布的牛血清允许进口国家仅有澳大利亚、新西兰和乌拉圭，允许上述国家出口的注册企业不到20家。但海关从进境寄递途径中查获的非法走私牛血清来自世界各地，蓝舌病、牛病毒性腹泻、口蹄疫等重要的动物疫病就极有可能随着来源不明的动物制品进入国内。

（四）非贸渠道疫情检出难度更大

从疫情潜在寄主来看，贸易渠道进口的动植物及其产品，不同国家（地区）有不同的准入品种，这都建立在风险分析和风险评估的基础上，每批次进口的品种固定且相对单一。非贸渠道，行政相对人都为个人，其携带的动植物及其产品具有复杂多样的特点。例如，海关关员从印度邮寄的包裹中常常能查获面粉、鹰嘴豆等多种植物产品，从中检出小麦印度腥黑穗病菌、鹰嘴豆象、黑孢霉等多种有害生物。

从其携疫可能性来看，贸易渠道进口的动植物及其产品在入境之前，相关检疫部门已对其可能携带的病虫害草等疫情进行了全面地梳理，形成了需要关注的有害生物名单，在疫情检测时有比较强的针对性。但是非贸渠道进境的动植物及其产品，如日本的葡萄、橙子等，检疫部门对这些外来动植物及其的检疫风险还不了解，具体检测何种病虫害草需要花费大量的时间和精力去尝试。另外，非贸渠道入境的动植物及其产品种类和批次比贸易渠道多，其中大部分不在国家准入的名单之中，因此对其存在的动植物疫病疫情的检测难度很大。

（五）非贸渠道的行政相对人风险更高

贸易渠道的行政相对人基本是企业，其贸易行为一般都是长期行为，都有经过培训的报关专员，长期从事进出口贸易工作。

非贸渠道的行政相对人诸如入境旅客、国际邮政和快递行业的收件人，基本都是个人，其携带和寄递行为大多属于个人行为，具有以下特点。

1. 个人行为大多频次较低，以一次性行为居多。行政相对人对一次性行为往往抱有侥幸心理，认为即使携带或者邮寄违禁物，也可以通过伪报品名，夹藏夹带顺利通关。即使以后需要再次邮寄，也可以通过更换收件人的方法逃避监管。

2. 个人低频次行为，往往导致行政相对人的重视程度不够，通常不愿意主动了解非贸渠道动植物及其产品的管控要求，导致“踩雷”现象频发。

3. 个人行为违法成本较低，虽然《出入境人员携带物检疫管理办法》和《最高人民检察院、公安部关于公安机关管辖的刑事案件立案追诉标准的规定（一）的补充规定》等规定了相关的处罚办法，但是具体实施的难度较大。所以贸易渠道进境的动植物及其产品申报准确性远高于非贸渠道。

拓展阅读 **动植物检疫的起源**

实施动植物检疫，是人类同自然灾害进行斗争总结出来的经验，是各个国家（地区）保护国门生物安全的重要手段和措施。动植物检疫的萌芽，都是因为在某一个国家（地区）的农业、畜牧业受到动植物疫病的侵袭而使本地生物物种资源遭受重大损失时才开始的。1660 年，法国鲁昂（Rouen）公布法令，为防止小麦秆锈病而提出铲除小檗并禁止其输入，这是最早的植物检疫事例。1866 年，英国签署了一项法令，批准采取紧急措施，扑杀被进境种牛携带的牛瘟病毒感染的全部病牛，这是最早的动物检疫事例。1877 年，奥匈帝国政府在美国进口的葡萄苗木中发现严重危害葡萄的有害生物——葡萄根瘤蚜，这种有害生物毁坏了大量葡萄种植园。法国和德国等五个国家于 1881 年签订了《葡萄根瘤蚜公约》，联合采取禁止进境、隔离试种、除害处理等植物检疫措施，防止葡萄根瘤蚜传入，迈出了国际社会共同解决植物有害生物问题的第一步。1952 年《国际植物保护公约》诞生，所有缔约方采取一致的国际植物检疫措施标准，防止有害生物随贸易传播。

中国的植物检疫始于20世纪30年代。当时为发展棉纺工业，需要从美国引进长绒棉籽，而美棉上的墨西哥棉铃象为害严重，为防止因引种而传入墨西哥棉铃象，相关部门建立了植物检疫制度。国民政府曾制定《实业部商品检验局植物病虫害检验施行细则》，于1934年10月公布实行，仅在上海、广州等少数口岸执行。1949年以后，在对外贸易部商品检验局下设置了植物检疫机构，建立了我国统一的植物检疫制度，并在我国海陆口岸开展对外植物检疫工作。目前，我国已形成一整套进境动植物检验检疫管理制度，为中国国门生物安全构建了全方位的防疫屏障。

第三节 非贸渠道动植物检疫与国门生物安全

国门安全是国家安全的重要组成部分。国门是一个抽象的概念，一般是指进出境口岸，口岸管理是维护国门安全的主要途径。经济和贸易全球化要求货物、人员、资金和技术在全球范围内进行有机配置和快速流通，特别是近年来网络购物和快递业的迅猛发展，加剧了国门安全风险跨境传播的速度和广度，使得国家安全面临的挑战骤增。随着我国人民生活水平不断提升，对外开放力度不断加大，电子商务迅速发展，包括出入境旅客携带、进出境邮件、进出境快件、个人直邮类跨境电商等非贸易渠道禁止进出境的动植物、动植物产品及其他检疫物的数量也不断增长，从中截获的动植物疫病疫情也在不断攀升。2020年起，全国海关加大非贸渠道外来物种入侵口岸防控力度，据统计，仅当年全国海关从非贸渠道截获各类外来物种累计1258种/4270种次。同时，这些外来物种未经过输出国家（地区）官方检疫机构检验检疫、未事先办理进境动植物检疫审批手续，极有可能对我国生态环境造成破坏。非贸渠道存在的影响国门生物安全的风险因素主要包括：动物疫病传入风险、植物检疫性有害生物传入风险和外来入侵物种传入风险。

一、动物疫病传入风险

为防范动物传染病、寄生虫病传入，保护我国畜牧业及渔业生产安全、动物源性食品安全和公共卫生安全，根据《中华人民共和国动物防疫法》《中华人民共和国进出境动植物检疫法》等法律法规，农业农村部会同海关总署，在对当前国内外动物疫情形势进行分析研判和风险评估的基础上，对《中华人民共和国进境动物检疫疫病名录》（以下简称《名录》）进行了修订。2020 年 7 月 3 日，中华人民共和国农业农村部、海关总署联合发布了第 256 号公告，公布了新修订的《名录》。

修订后的《名录》含一类传染病、寄生虫病 16 种，二类传染病、寄生虫病 154 种，其他传染病、寄生虫病 41 种。《名录》所列都是当前对动物健康和社会公共安全产生重大危害的动物疫病，为海关等相关职能部门有针对性地采取措施，以及防止国外疫病疫情传入提供了执法依据。从《名录》的调整情况可以看出动物疫病的发生发展变化情况和趋势。在一定的时间段，某种疫病在全球范围的流行得到较好的控制或消灭时，该疫病就会在《名录》中进行调减甚至去除；反之，某种疫病在世界范围内新发、流行或肆虐，对产业、经济、社会产生严重影响时，就会引起高度关注，并被纳入《名录》中，采取相应的管控措施。

针对进境动物检疫疫病，海关总署根据世界动物卫生组织（OIE）和我国农业农村部发布的疫情信息，定期修订并发布《禁止从动物疫病流行国家地区输入的动物及其产品一览表》，并通过进境动植物检疫审批等监管手段，禁止发生动物疫情国家（地区）的相关动物及其产品输入我国。在贸易渠道，动物疫病流行国家（地区）的动物及其产品疫病传播风险得到了较严格的控制。但非贸渠道因入境物品来源复杂、去向不明、风险控制措施不足等诸多方面因素，成为动物疫病传入的重要可能渠道。我国是世界上畜产品生产和消费大国，肉类产品生产成本低，具有出口竞争优势，但受动物疫病、药物残留和技术壁垒等因素的影响，畜产品出口时常受阻，开拓国际市场艰难。有专家估计，每年动物疫病给畜牧业带来的直接经济损失近 1000 亿元，仅动物发病死亡的直接损失就近 400 亿元，相当于养殖业总产值增量的 60%左右。海关从非贸渠道常常能截获来自各类动物检疫疫病流行国家（地区）的动物及其产品。2018 年以来，海关总署要求全国海关对非贸渠道截获的猪肉制品进行非洲猪瘟疫病监测，从监测数据来看也证实了这一论断。

动物疫病暴发对经济的影响分为直接影响和间接影响。直接影响主要包括动物繁殖性能下降、死亡率上升、资源要素的使用效率降低，以及畜产品的质量和数量下降等；间接影响主要包括防疫的成本上升和人畜共患病对人类健康的损害。非贸渠道是动物疫情疫病传入的重要途径之一。国内外很多重大动物疫情的传播与危害，都与非贸渠道的检疫工作存在疏漏密切相关。

（一）非洲猪瘟

2018 年以来，全国海关加强对非洲猪瘟疫情的监测，对非贸渠道截获的猪肉及其制品开始采用荧光 PCR 等分子生物学方法，进行非洲猪瘟病毒核酸检测，从旅客携带、寄递入境的猪肉及其制品中均多次检出非洲猪瘟病毒。

非洲猪瘟（Infection with African swine fever virus，ASF）是由非洲猪瘟病毒引起的猪的一种急性、烈性、高度接触性动物传染病，是世界动物卫生组织规定报告的动物疫病，是我国规定的“一类动物疫病”。非洲猪瘟强毒力毒株致死率达 100%，对生猪养殖业危害极大。1921 年肯尼亚最早报道非洲猪瘟疫情，随后非洲南部、中部和东部先后发生疫情，至今非洲中部和南部仍是非洲猪瘟的主要疫区。1957 年非洲猪瘟传入欧洲，葡萄牙里斯本发生非洲猪瘟疫情。随后，西班牙、法国、意大利、荷兰等国家陆续发生疫情。通过扑杀等措施，到 20 世纪 90 年代，除意大利撒丁岛外，欧洲基本控制住了疫情。1971 年非洲猪瘟传入美洲，古巴首次报道非洲猪瘟疫情发生，随后巴西、多米尼加等国也报道有疫情发生。2007 年非洲猪瘟经轮船泔水长距离传播至格鲁吉亚，继而传播到阿塞拜疆、亚美尼亚、波兰、立陶宛、白俄罗斯、俄罗斯等，至今仍在局部地区暴发和流行。2017 年俄罗斯发生 160 起非洲猪瘟疫情，其中俄罗斯远东地区发生疫情的伊尔库茨克州与我国最为邻近。非洲猪瘟给发病国家（地区）造成了巨大的经济和社会损失。据报道，1996 年科特迪瓦和 1998 年马达加斯加的非洲猪瘟疫情导致生猪存栏量减少 30%~50%。20 世纪 80 年代，古巴暴发非洲猪瘟疫情，经济损失达 940 万美元。西班牙仅用于疫情净化的费用就高达 9200 万美元。2011 年，俄罗斯暴发非洲猪瘟疫情造成 30 万头家猪死亡或被扑杀，经济损失达 2.4 亿美元。2012 年俄罗斯 11 个地区发生 66 起家猪和野猪非洲猪瘟疫情，约 23 万头家猪被扑杀。据俄罗斯农业部统计资料，仅 2008—2013 年俄罗斯因非洲猪瘟疫情的直接经济损失就超过 20 亿卢布，间接经济损失达 200 亿～300 亿卢布。2018 年 8 月 3 日，我国首次报告在辽宁省暴发非洲猪瘟疫情，随后我国 30 多个省、自治区、直辖市相继暴发非洲猪瘟疫情，给生猪养殖业造成了巨大的经济损失，使生猪养殖产业的发展面临前所未有的巨大危机，同时猪肉产品的质量安全受到严重威胁。同时，国外非洲猪瘟疫情形势也越来越严峻，根据海关总署 2021 年 10 月 13 日更新的《禁止从动物疫病流行国家地区输入的动物及其产品一览表》，受非洲猪瘟疫情影响，禁止非洲和其他 38 个国家（地区）的猪及其产品进入中国。

（二）疯牛病

疯牛病（Bovine Spongiform Encephalopathy，BSE）又称牛海绵状脑病，是一种由朊蛋白感染引起的疾病，以潜伏期长、病情逐渐加重、中枢神经系统退化、最终死亡为主要特征，是一种传染性、食源性的人畜共患病。疯牛病的病原为朊病毒（prion），它没有核酸，没有病毒的形态，不是传统意义上的病毒，而是一种具有传染性的蛋白颗粒，也被称为朊蛋白或疯牛病因子，对各种理化防控措施抵抗力极强，许多足以杀死病毒及其他微生物的化学药物或物理措施都对该病毒无效，普通的烹调温度、冷冻和干燥等措施都无法杀死该病毒，在 138℃ 的高温环境下生存 1 小时后，朊病毒对实验动物仍具有感染力。目前，普遍认为造成疯牛病大规模暴发的主要原因是牛食用了含有朊病毒的肉骨粉，所以应该对动物饲料进行牛羊源性检测，杜绝在反刍动物饲料中添加反刍动物的肉骨粉，这是防控疯牛病的重要手段。疯牛病于 1987 年在英国第一次被公开报道，1989 年在冰岛出现疯牛病，随后欧洲十几个国家（地区）均报道了暴发疯牛病。2001 年该病首次传出欧洲，出现在日本。2003 年在加拿大、美国也先后发生了疯牛病。根据世界动物卫生组织的统计，截至 2015 年年底，全球共确诊疯牛病病牛 187469 头，其中英国 181667 头，占全球发病总数的 96.91%。在此期间，受疯牛病病原潜在感染的牛超过 100 万头，大多数进入了人类的食物链。目前，疯牛病已扩散到欧洲、美洲、亚洲等地区，受疯牛病影响的国家（地区）有上百个，给全球养牛业造成了巨大的经济损失，并影响与牛源材料相关的工业和贸易，特别是由同一致病因子引起的人类疯牛病的出现，导致全球对疯牛病的恐慌。

1995 年英国首次出现了人患有新型克雅病（new variant Creutzfeldt-Jakob disease，nvCJD）病例，截至 2000 年年底病例达到 28 个，患者大都食用过疯牛病病牛。截至 2015 年年底，共有 12 个国家（地区）报告了确诊人感染病例，感染者全部死亡，其中英国 177 人、其他国家（地区）52 人。

根据《禁止从动物疫病流行国家地区输入的动物及其产品一览表》，受疯牛病疫情影响，整个欧盟和美国等国家（地区）的部分或全部的牛及相关产品禁止进入中国。从全国进境旅客携带物、寄递物截获统计来看，截获牛肉、牛奶、动物源性饲料较多的国家（地区）分别为日本、韩国、德国、美国、荷兰、法国等，其中绝大多数为疯牛病的疫区。因此，加大非贸渠道牛及相关产品的动植物检疫力度，对防止境外疯牛病疫情传入我国具有重要意义。

（三）禽流感

禽流感是由禽流感病毒（Avian Influenza virus，AIV）引起的一种急性传染病。根据流感病毒血凝素（HA）和神经氨酸酶（NA）抗原性的差异，可分为不同亚型。禽流感不仅在禽鸟类动物中传播，还可通过动物传播给人类。因此在非贸渠道加大对进境禽类及其产品的动植物检疫力度，不仅关系到我国家禽养殖业经济效益，同时也关系到广大人民群众的身体健康。

1878 年意大利发生鸡群大量死亡事件，现已被证实是高致病性禽流感病毒所致。禽流感病毒随后传播到其他欧洲国家。20 世纪中期，欧洲、南美、中东、非洲和亚洲也相继出现禽流感疫情。1961 年南非约 1300 只普通燕鸥感染 H5N3 禽流感死亡。1963 年苏格兰近 3000 只火鸡感染禽流感被扑杀，并分离出 H7N3 病毒。1966 年在安大略湖区域的火鸡中暴发 H5N9 禽流感疫情。1983 年美国宾夕法尼亚州的鸡群发生低致病性 H5N2 禽流感疫情，随后突变为高致病性病毒，约 1700 万只禽类被扑杀。1994 年墨西哥发生低致病性 H5N2 禽流感疫情，后又突变为高致病性，超过 100 万只家禽被扑杀。1997 年年底在中国香港分离出 H5N1 病毒，更为严重的是，首次发现其能传染给哺乳动物（包括人类）。1999 年 12 月全球禽流感疫情大流行，意大利、法国、卢森堡相继暴发高致病性禽流感疫情。20 世纪末，高致病性禽流感已在全球范围内存在。2003 年 3 月荷兰发现 H7N7 病毒。2003 年 12 月东南亚发生禽流感疫情，其中，泰国、印度尼西亚、越南的疫情较为严重，越南和泰国还发生病毒感染人类并造成人员死亡的情况。2004 年后，禽流感在亚洲大规模蔓延，日本、韩国、柬埔寨、巴基斯坦、老挝相继出现疫情。2005 年高致病性禽流感由亚洲向俄罗斯、中东、欧洲和非洲扩散。2006—2008 年是高致病性 H5N1 暴发高峰期，全球 63 个国家（地区）报道了 600 多起 H5 亚型禽流感疫情。2009—2010 年，疫情进入稳定期，但每年仍有 60 多起疫情暴发，集中在亚洲和中东地区。2011—2012 年高致病性 H5 亚型禽流感疫情报道次数较前两年翻倍，但疫情均得到了有效控制。2014—2016 年全球有 77 个国家（地区）发生禽流感，并检测到 13 个亚型。

目前，发现能造成人感染的禽流感病毒亚型有 H5N1、H7N1、H7N2、H7N3、H7N7、H9N2 和 H7N9。其中，高致病性 H5N1 亚型和 H7N9 亚型最为严重，不仅造成了人类的伤亡，还给家禽养殖业带来重创。截至 2018 年 3 月，全球共报告了人感染高致病性 H5N1 禽流感 860 例，死亡 454 例。其中，中国报告了 53 例，死亡 31 例。2013 年 3 月，中国首次发现人感染 H7N9 禽流感病例，随后上海、安徽、江苏、浙江、北京、河南、山东、江西、湖北、福建等地都报告有散发性病例。2017 年年底，世界卫生组织（WHO）报告累计有 1565 人感染 H7N9，约有 1/5 的确诊患者死亡。人类 H7N9 禽流感患者死亡风险远低于人感染 H5N1 禽流感，但高于季节性流感和甲型 H1N1 流感。

目前，已在 26 科 105 种野鸟中分离出禽流感病毒，其中雁形目、鸻形目、雀形目鸟类是主要的自然宿主库。2016 年 12 月，广东海关从一名越南籍旅客行李中截获一批生禽蛋，经实验室检测，从生禽蛋检出禽流感病毒 H5 亚型核酸阳性。这是我国自 2005 年后，首次从旅客携带的禽蛋中截获禽流感病毒。按照《禁止从动物疫病流行国家地区输入的动物及其产品一览表》，受禽流感疫情影响，87 个国家（地区）的禽类及相关产品，观赏鸟、野生鸟及相关产品中部分或全部的产品禁止进入中国。

二、植物检疫性有害生物传入风险

为防止危险性植物有害生物传入我国，保护我国农林业生产安全、植物源性食品安全和公共卫生安全，依据《中华人民共和国进出境动植物检疫法》的规定和风险分析结果，农业农村部会同海关总署对《中华人民共和国进境植物检疫性有害生物名录》（以下简称《名录》）进行了修订。2021 年 4 月 9 日，中华人民共和国农业农村部、中华人民共和国海关总署联合发布第 413 号公告，公布了新修订的内容。

修订后的《名录》，共包括 7 大类 446 项。其中，昆虫 157 种（属）、真菌 127 种（属）、原核生物 58 种（属）、病毒及类病毒 42 种（属）、线虫 20 种（属）、杂草 42 种（属）。这些有害生物大多尚未在我国出现，或虽已出现但分布不广并已进行官方防治。《名录》中所列的检疫性有害生物是海关对进入我国的植物及其产品采取防控措施的主要对象。该《名录》处于动态的调整中，从 2007 年首次发布到现在的最新版，已增加了 11 种有害生物。

同动物检疫疫病类似，非贸渠道进境的植物及其产品也存在来源复杂、去向不明、风险控制措施不足等现象，成为植物检疫性有害生物传入的重要可能渠道。2016 年，全国寄递渠道共截获植物有害生物 6327 种次，其中植物检疫性有害生物 191 种次，包括小麦印度腥黑穗病、洋葱腐烂病菌、腐烂茎线虫、短颈剑线虫、朱顶红短体线虫、双钩异翅长蠹、菜豆象、咖啡果小蠹、三裂叶豚草、菟丝子等检疫性有害生物。2017 年，全国寄递渠道共截获植物有害生物 5616 批次，其中检疫性有害生物 207 批次，包括南芥菜花叶病毒、大豆北方茎溃疡病菌、法国野燕麦、鳞球茎茎线虫、草莓滑刃线虫、琉球球壳蜗牛、菜豆象、长芒苋等检疫性有害生物。

（一）地中海实蝇

地中海实蝇（*Ceratitis capitata*）属于节肢动物门、昆虫纲、双翅目、实蝇科、蜡实蝇属，是国际公认最具破坏性的果蔬害虫。地中海实蝇是一种杂食性热带昆虫，起源于非洲，在 20 世纪已扩散到各大洲。该虫寄主广泛，可为害 200 多种水果和蔬菜，主要寄主植物为毛叶番荔枝、辣椒、柑橘属、咖啡属、榅桲、无花果、苹果、李属、番石榴和可可等。成虫通常在果实上产卵，且繁殖能力较强，幼虫孵出后即在果实内取食，果实被害率高达 50%~90%。地中海实蝇的全球适生区主要集中在热带、亚热带地区，在越南、老挝、缅甸、印度、不丹和尼泊尔等地适生。

经研究表明，在我国云南、四川、重庆、贵州、广西、广东、福建、海南、澳门、香港和台湾地区，以及西藏、甘肃、陕西、湖北、湖南、浙江和江西的局部地区的气候环境也是其适生区域。其主要寄主苹果、咖啡和无花果在我国的适生区范围内种植面积及产量均较高。因此中国具备该虫进入、定殖的适生条件，具有较高的扩散风险。

该有害生物的传入通常导致巨大的经济损失。1950 年，地中海实蝇为害意大利，造成意大利全国桃产量损失 80%；1970 年地中海实蝇为害哥斯达黎加、尼加拉瓜和巴拿马等国的柑橘，造成 240 万美元的经济损失；1981—1982 年，美国加利福尼亚为扑灭地中海实蝇历经两年三个月，耗资 1 亿美元，造成了巨大的经济损失。1990 年智利和秘鲁签订扑灭地中海实蝇联合工作协议，每年要投资 30 亿美元。

地中海实蝇随着人员携带的水果、茄科蔬菜等被我国截获的情况时有报道。1993 年 8 月，广东流花动植物检疫局从外籍旅客携带的红辣椒中首次截获地中海实蝇。2012 年 3 月，重庆检验检疫局从卡塔尔多哈至重庆的航班旅客携带的释迦中截获 49 头地中海实蝇。2015 年 4 月，珠海检验检疫局从澳门旅客携带的橙了中截获 5 头地中海实蝇。

（二）松材线虫

松材线虫（*Bursaphelenchus xylophilus*）属于线虫动物门、侧尾腺纲、滑刃目、滑刃科、伞滑刃属，长约 1 毫米，需要用显微镜才能看清楚。其原产于北美洲，在美国广泛发生，截至 2021 年年底，世界有报道发生国家共 9 个，分别是日本、中国、韩国、美国、加拿大、墨西哥、葡萄牙、西班牙、尼日利亚。由于当地树种抗病、存在自然天敌等原因，松材线虫在美国的危害不严重。1905 年，松材线虫经进口原木由美国传入日本，在日本不断扩展、蔓延。同时，其离开原产地后产生了巨大危害，被称为“松树的癌症”，感染松材线虫的松树针叶呈黄褐色或红褐色，萎蔫下垂，树脂分泌停止，病树整株干枯死亡，最终腐烂。

自 1982 年在我国发现松材线虫病以来，截至 2020 年年底已扩散至全国 18 个省（自治区、直辖市）726 个县级行政区。

松材线虫近距离传播主要靠松墨天牛等媒介，远距离传播主要靠人为调运的苗木、松材、松木包装箱及松木制品等。据分析推测，松材线虫入侵我国很可能就是通过第二次世界大战或更晚时候进境的弹药或机械的木包装传带进来的。非贸渠道中，由于可能传播松材线虫的苗木、木包装等单批数量少、批次多、难以查验发现，具有很高的传入风险。

（三）小麦印度腥黑穗病菌

小麦印度腥黑穗病（*Tilletia indica*）是一种世界性的检疫性病害。其病原菌属于担子菌亚门、冬孢菌纲、黑粉菌目、腥黑粉菌科、腥黑粉菌属，寄主主要有小麦、黑麦、小黑麦等。该病害1930年在印度北部卡纳尔地区首次被正式记载，小麦印度腥黑穗病发生之初只在印度北部和巴基斯坦的平原地区零星被发现，被认为是一种普通的地方性病害，因此并没有引起高度的重视。但1974年以后，该病害在印度的北部和中部广泛发生（如德里、北方邦、哈里亚纳邦、旁遮普邦等），以后每隔2~3年就暴发一次。1972—1982年，此病害在阿富汗、伊拉克、尼泊尔、墨西哥等国也被发现，1996年美国报告亚利桑那州等西南部四州发现该病害。2001年又传播到了南非，从而引起了世界上小麦种植国家的普遍关注和高度警惕。目前该病害分布于巴基斯坦、印度、尼泊尔、阿富汗、伊朗、伊拉克、南非、美国、墨西哥、巴西等国，我国尚无分布。

小麦印度腥黑穗病对小麦造成的危害不仅仅是减产，还严重影响小麦的品质，麦谷中仅有1%~4%籽粒被感染时就可使得小麦面粉带有浓烈的鱼腥味，不适宜人类食用。该病是世界小麦生产面临的巨大威胁之一。小麦是我国重要的谷物，据相关统计，2019年我国小麦播种面积23727公顷，占粮食播种面积的20.4%，产量133590千吨，占粮食总产量的20.1%，小麦常年收购、销售和库存量均占粮食总量的1/3左右，是关乎粮食安全的农作物品种。有关专家在收集小麦印度腥黑穗病菌分布区域的地理、气候数据基础上，对该病菌在我国潜在地理分布进行了预测。结果显示，小麦印度腥黑穗病菌当前的潜在地理分布区面积占全国总面积的48%~58%。其中，中高度适生区主要分布在北纬40°以下，面积占全国总面积的31.29%。因此，严防该病菌随着植物及其产品进入我国意义重大。

小麦印度腥黑穗病是全国海关从非贸渠道的进境物品中时有截获的重要检疫性病害。从2001年至今，天津、上海、常熟、舟山、南京等口岸海关关员从旅客携带物、分离运输行李、船员携带物、邮寄的面粉中多次检出该病菌。

三、外来入侵物种传入风险

外来物种入侵是指对生态系统、栖境、物种带来威胁或危害的非本地物种，经自然或人为的途径从境外传入，影响我国生态环境，损害农林牧渔业可持续发展和生物多样性。其有两层意思：第一，物种必须是外来、非本土的；第二，该外来物种能在自然或人工生态系统中定居、自行繁殖和扩散，最终明显影响当地生态环境，损害当地生物多样性。

近年来，中共中央、国务院不断加快推进我国生态文明建设，加强维护我国生态环境安全。加强外来物种入侵防控，给非贸渠道进出境动植物检疫工作提出了新的要求和挑战。外来入侵物种与动物检疫疫病、植物检疫性有害生物既有区别又有联系，简单来说，动物检疫疫病、植物检疫性有害生物主要是指对农林牧渔业生产安全有巨大威胁的有害生物，其中一部分有害生物也对生物多样性造成了威胁。外来入侵物种主要是指对生物多样性造成威胁的物种，其中一部分物种也危害了农林牧渔业的生产安全。

自然界中的物种总是处在不断迁移、扩散的动态变化中。人类活动进一步促进了物种的扩散，使得许多生物得以突破地理界限，拓展至其他环境当中。对于此类原来在当地没有自然分布，因为迁移扩散、人为活动等因素出现在其自然分布范围之外的物种，统称为外来物种。2020 年，全国海关从进境携带、寄递等非贸渠道截获各类外来物种累计 1258 种/4270 种次，这些人为引进外来物种很多是用于个人种植、养殖的种子苗木，以及昆虫等新型宠物等。由于非贸渠道进境物品的特点，进境前未经过国外（地区）官方检疫机构的检疫，也未办理检疫审批手续，绕开了外来物种引进前的风险评估过程。它们一旦出现在其原先自然分布范围和分布位置以外，进入新的自然生态环境系统，如果没有天敌的控制，加上其旺盛的繁殖力和强大的竞争力，外来物种就会变成外来入侵物种，排挤环境中的原生物种，破坏当地生态平衡，甚至对人类经济造成不良影响。

外来物种入侵的生态代价是生态系统的结构和功能被破坏、本地物种多样性不可弥补的消失甚至物种的灭绝，是自然遗传资源、生物多样性保护和持续利用以及人类生存环境面临的重要威胁，国际上把外来物种入侵列为除栖息地破坏以外生物多样性丧失的第二大因素。据专家估计，全世界列入濒危物种名录的植物中，有 35%～46%是完全或部分由于外来物种入侵而濒危的。

当前，国际上对外来物种入侵会造成严重经济损失已形成共识，但不同的机构、专家有不同的统计口径。根据世界自然保护联盟（IUCN）的报告，外来入侵物种给全球造成的经济损失每年超过 4000 亿美元。根据联合国《生物多样性公约》缔约方大会发表的报告，外来物种入侵每年给美国造成的损失为 1370 亿美元，印度为 1200 亿美元，南非为 980 亿美元。

我国是遭受外来生物入侵最严重的国家之一，《2019 中国生态环境状况公报》显示，我国已发现 660 多种外来入侵物种。其中，71 种对自然生态系统已造成或具有潜在威胁并被列入《中国外来入侵物种名单》。67 个国家级自然保护区外来入侵物种调查结果表明，215 种外来入侵物种已入侵国家级自然保护区，其中，48 种被列入《中国外来入侵物种名单》。在这 660 多种外来入侵物种中植物有 370 种，动物有 220 种，还有少量的菌物、原核生物和原生生物。从外来入侵物种的来源地分析，55%来源于美洲，22%来源于欧洲，美洲成为中国外来入侵物种的最大来源地。从外来入侵物种的生境类型分析，外来入侵物种的主要生境类型是农田生态系统，达 59. 1%；其次是森林生态系统、海洋生态系统，分别占 13. 7%和 12. 5%；此外，内陆水域/湿地生态系统和建筑物所占的比例分别为 7. 2%和 7. 5%。

2003 年、2010 年、2014 年和 2016 年，我国先后四次公布了对我国自然生态系统已造成或具有潜在威胁的外来入侵物种名单，分别为 16 种、19 种、18 种和 18 种，共计 71 个物种：

第一批包括紫茎泽兰、薇甘菊、空心莲子草、豚草、毒麦、互花米草、飞机草、凤眼莲、假高粱、蔗扁蛾、湿地松粉蚧、强大小蠹、美国白蛾、非洲大蜗牛、福寿螺、牛蛙；

第二批包括马缨丹、三裂叶豚草、大薸、加拿大一枝黄花、蒺藜草、银胶菊、黄顶菊、土荆芥、刺苋、落葵薯、桉树枝瘿姬小蜂、稻水象甲、红火蚁、克氏原螯虾、苹果蠹蛾、三叶草斑潜蝇、松材线虫、松突圆蚧、椰心叶甲；

第三批包括反枝苋、钻形紫菀、三叶鬼针草、小蓬草、苏门白酒草、一年蓬、假臭草、刺苍耳、圆叶牵牛、长刺蒺藜草、巴西红耳龟、豹纹脂身鲇、红腹锯鲑脂鲤、尼罗罗非鱼、红棕象甲、悬铃木方翅网蝽、扶桑绵粉蚧、刺桐姬小蜂；

第四批包括长芒苋、垂序商陆、光荚含羞草、五爪金龙、喀西茄、黄花刺茄、刺果瓜、藿香蓟、大狼杷草、野燕麦、水盾草、食蚊鱼、美洲大蠊、德国小蠊、无花果蜡蚧、枣实蝇、椰子木蛾、松树蜂。

需要注意的是，上述外来入侵物种名单，严格来说不完全是在非贸渠道动植物检疫过程中，判定外来物种是否是外来入侵物种的唯一标准。目前已证实的很多外来入侵物种，在人为引进时，都未意识到会对我国自然生态系统造成破坏。因此，实际工作中截获的外来物种还需要进行严谨的入侵风险评估，才能了解其对我国自然生态系统是否具有潜在威胁。

（一）水葫芦

水葫芦（*Eichhornia crassipes*）属于鸭蹠草目、雨久花科、凤眼莲属。原产于巴西，又称凤眼兰、凤眼莲，第一批被列入中国外来入侵物种名单。20 世纪 30 年代作为畜禽饲料引入推广种植，后逃逸为野生。在原产地巴西由于受生物天敌的控制，仅以一种观赏性种群零散分布于水体，但传入我国后，由于其无性繁殖速度极快且缺乏天敌制约，已广泛分布于华北、华东、华中、华南和西南的 19 个省市，尤以云南（昆明）、江苏、浙江、福建、四川、湖南、湖北、河南等省的入侵较为严重，并已扩散到温带地区，如辽宁锦州、营口一带均有分布。由于过度繁殖，水葫芦常常阻塞水道，破坏河涌生态环境。在云南滇池，由于水葫芦泛滥，滇池生物多样性遭到严重破坏，20 世纪 60 年代在滇池草海曾有 16 种高等植物，受水葫芦影响到 90 年代草海只剩 3 种高等植物，近年来滇池的水葫芦治理费用已达 40 多亿元。

（二）巴西红耳龟

巴西红耳龟（*Trachemys scripta*）属于龟鳖目、泽龟科、彩龟属，其颜色鲜艳、外形可爱、生命力强且价格便宜，养殖与管理简单便捷，受花鸟鱼虫养殖爱好者欢迎。该种动物更是非贸渠道多次查获的外来入侵物种。据媒体报道，2013—2017 年，长沙黄花机场口岸、深圳文锦渡口岸、珠海口岸关员在对入境旅客携带物查验时先后截获 3 批 8 只巴西红耳龟。

巴西红耳龟是世界公认的“生态杀手”，已经成为世界上最危险的100种入侵物种之一。巴西红耳龟原产于美国中部地区，第三批被列入中国外来入侵物种名单。巴西红耳龟具有以下特性：环境适应力、生命力相对较强，虽然它是淡水类生物，但是也可在半咸水环境下生存；具有较强的捕食能力，泥鳅、虾、青蛙、鱼、水栖昆虫、蛇类、水生植物、鸟卵、雏鸟等均可成为巴西红耳龟的食物；寿命一般在20~50年；繁殖能力也相对较强，通常情况下，每年1~5月开始繁殖，每次产卵数量可达到6~30枚，龟卵孵化时间为71~83天，且成长到2~3岁时就已经开始成熟，其成熟时间相对于本土龟要早5~6年；可与本地陆龟进行杂交，产下“混血儿”。这些特性使巴西红耳龟在野外生存方面具有较强的优势，当其进入野外环境中，将对当地生物资源与生态环境带来严重的威胁与破坏。例如，我国台湾地区基隆河受巴西红耳龟影响，生态系统遭到严重破坏，本地龟种几不可见。

巴西红耳龟是宗教放生中较为常见的一种动物，许多人由于缺乏生态意识，将其大量放生到野外，从而对当地生态环境产生严重威胁。专家研究发现，巴西红耳龟目前在我国三十多个省级行政区均有分布，其中珠江水系、长江水系数量相对较多，尤其是在一些人口密集地区、旅游风景区、森林公园等，其分布概率相对要高。巴西红耳龟还会携带、传播沙门氏杆菌，在幼龟养殖中，85%以上的巴西红耳龟携带沙门氏杆菌，并通过粪便、水资源等传播给恒温动物，对人类身体健康与生命安全带来风险。有关调查显示，在美国沙门氏杆菌感染患者中有14%的病例来自龟类传染。据2018年相关文献报道，我国每年因巴西红耳龟造成的直接经济损失超过1200亿元，对生态系统、生物物种多样性、遗产资源造成的经济损失超过1000亿元。

（三）红火蚁

红火蚁（*Solenopsis invicta*）属于膜翅目、蚁科、家蚁亚科、火蚁属，是世界自然保护联盟（IUCN）列明的100种最具有破坏力的入侵物种之一。红火蚁原分布于南美洲巴拉那河流域，在20世纪30年代入侵北美洲，经不断传播扩散，现已在十余个国家和地区出现并造成严重危害。2004年9月，我国在广东省吴川市首次发现红火蚁疫情，2005年红火蚁被列入《中华人民共和国进境植物检疫性有害生物名录》，2006年红火蚁已经在广东、广西、海南的部分地区产生危害，红火蚁于2010年被列入第二批中国外来入侵物种名单。据《全国农业植物检疫性有害生物分布行政区名录》，2013年红火蚁已分布于中国7个省（自治区、直辖市），169个县（市、区），2021年已分布于12个省（自治区、直辖市），448个县（市、区）。

红火蚁是完全地栖型动物，入侵我国后，多出现在公园绿地、操场绿地、草坪、田间、菜园、苗圃、村舍、竹林、家畜养殖场及荒地等环境中有阳光的地方。红火蚁为害农业生产，主要取食农作物的种子、幼芽、嫩茎、果实和根系，破坏种子和庄稼，造成作物减产；损坏灌溉系统，降低作物种植效率；侵袭牲畜，造成畜牧业损失。美国佛罗里达州茄科植物因红火蚁的危害产量下降了50%，得克萨斯州向日葵因其危害产量下降2.4%~4.0%。红火蚁因其繁殖快、杀伤性强，大量捕食土栖动物、鸟类、昆虫等，严重破坏生态环境。其攻击海龟、蜥蜴、鸟类等的卵，对小型哺乳动物的密度和无脊椎动物群落有负面的影响。红火蚁与那些以昆虫为食物来源的物种竞争昆虫食料，导致其他物种因为缺乏足够食物供给而种群数量减少甚至灭绝。红火蚁筑巢于地下，破坏土壤微生态，极易造成入侵地蚯蚓、土生蚂蚁种的灭绝。

红火蚁危害人身安全，用尾部的螯针叮蜇人，有重复蜇刺的能力。被红火蚁蜇后其毒囊中的毒液注入人类皮肤，有如火灼伤般的疼痛感，其后会出现如灼伤般的水泡，并留下永久性的伤疤。对于敏感体质的人，被红火蚁叮咬会导致过敏性休克甚至死亡，有的表现为脸红，荨麻疹，脸、眼睛或喉咙发胀，胸部疼痛，恶心，大量出汗，呼吸衰竭，口齿不清，瘫痪，或者引发心脏病。

红火蚁还会损坏公共设施，经常在电子设备中大量滋生，如空调、交通信号机箱、供电仪表、电话总机箱、汽车的电子系统等。红火蚁能咬掉电线、电缆的绝缘层，造成电路短路，危害供电、通信等设施安全。

红火蚁传播包括自然扩散和人为传播。自然扩散主要是生殖蚁飞行或随洪水流动扩散，也可随搬巢而短距离移动；人为传播主要因园艺植物、土壤废土移动、堆肥、园艺农耕机具设备、集装箱、车辆等污染并进行长距离运输。2005年以来，我国多次从进境物包括废纸、木质包装、原木、苗木和水果中截获红火蚁，因此在非贸渠道，要加强对来自红火蚁发生国家（地区）的种子、草皮、苗木、花卉、木材、木质包装等植物、植物产品，以及栽培介质、废物等的查验，阻止红火蚁进入国内。

2013 年 12 月，广东东莞检验检疫局太平办事处工作人员对一名台湾地区旅客携带的花旗参进行检疫查验时，截获多种昆虫。后经实验室鉴定，其中有外来入侵物种红火蚁。

（四）长芒苋

长芒苋（*Amaranthus palmeri*）为中子目、苋科、苋属，一年生草本植物，原产于美国南部至墨西哥西北部，现已在欧洲、亚洲、美洲、大洋洲的二十多个国家和地区均有分布。据报道，我国于 1985 年 8 月在北京市丰台区工厂专用铁路线旁首次发现长芒苋，之后在北京地区蔓延，在天津、浙江绍兴和安徽巢湖也有发现。2011 年，我国正式将长芒苋列入《中华人民共和国进境植物检疫性有害生物名录》，2016 年被列入中国第四批外来入侵物种名单。

长芒苋适生性较强。据调查，其在荒地、沟边路旁、铁路与公路沿线、仓库周围及农田均可生长，在湿润地或水浇地中植株生长更为茂盛。其植株高大，高度超过 2 米，能吸收大量养分，与农作物争夺肥料、水、光照和生存空间的能力很强。长芒苋结籽量极大，单株雌性植株能结多达 60 万粒种子，有利于繁衍和扩散。长芒苋覆盖度大，竞争力强，能抑制当地物种的生长，很容易形成优势群落，破坏生物多样性和生态环境。长芒苋植株体内含有硝酸盐，家畜家禽过量采食后会引起中毒。长芒苋是农田和果园的重要杂草，对多种不同作用机理的除草剂产生抗性，且具有种间杂交的特性，存在将其抗除草剂基因转移给近缘杂草并出现超级杂草的风险，一旦在新的环境中繁衍扩散将很难根除。

有关专家对长芒苋在我国的适生状况进行了研究，发现我国大部分地区与长芒苋原产地分布区气候匹配指数较高，根据其生物学特性及其适应性，长芒苋在我国适生的可能性很大。研究表明，长芒苋在我国中东部与华北平原最为适生，这些地区也是重要的粮食产区。

长芒苋结实量大、种子细小，种子可通过风、流水，以及鸟类和哺乳动物进行自然传播。此外，长芒苋种子易混入农产品、农用器械中，并通过携带、邮寄、货运等人为扩散方式进行远距离传播。在非贸渠道，应加大对有关风险物品的检疫查验，防止其传入。

需要强调的是，通过非贸渠道违规引进动植物及其产品，可能造成的危害不仅限于以上列举的动物检疫疫病、植物检疫性有害生物、外来入侵物种。2021 年，海关总署要求在全国非贸渠道范围内开展动物检疫疫病、植物检疫性有害生物、外来入侵物种的风险监测，随着风险监测工作的不断推进，会有更多的证据来证明非贸渠道动植物检疫工作在防范动物检疫疫病、植物检疫性有害生物、外来入侵物种方面起到的重要作用。

相比于贸易渠道，非贸渠道动植物检疫还存在很多可以提升的地方。例如，检疫手段相对单一，高度依赖口岸查验环节；在寄递渠道，由于没有事先申报环节，难以实施行政、刑事处罚等更有震慑力的手段；非贸渠道动植物检疫疫病疫情和外来入侵物种监测数据不足，给风险预警、评估等工作带来影响等。2021 年 2 月 3 日，农业农村部、自然资源部、生态环境部、海关总署、国家林业和草原局五部门联合印发的《进一步加强外来物种入侵防控工作方案》中明确指出，近年来，我国外来物种入侵防控工作取得积极成效，但仍存在入侵风险大、防控治理难、长效机制不健全等问题。

就如何建立健全生物安全治理体系，做好生物安全风险防控工作，《进一步加强外来物种入侵防控工作方案》中指出，要开展外来入侵物种普查和监测预警；要加强外来物种引入管理，依法严格执行外来物种引入审批，强化引入后使用管控；要开展从境外引进农作物和林草种子苗木、进境动植物及其产品风险分析，规范外来物种引入检疫审批和入侵风险评估，实行外来物种分级分类管理；加强外来物种引入后使用和经营行为的监督管理，使用和经营单位或个人要采取安全可靠的防范与应急处置措施，防止引入物种逃逸、扩散造成危害；加大对未经批准擅自引进、释放或者丢弃外来物种行为的打击力度；加强科技攻关、完善政策法规、完善防控管理体制和加强宣传教育培训。

拓展阅读 外来生物入侵的途径

外来生物入侵的途径主要有自然传入、人类有意引入、人类无意传入 3 种。

自然传入是指通过风媒、水体流动或由昆虫、鸟类的传带，植物种子或动物幼虫、卵或微生物发生自然迁移而造成生物危害所引起的外来物种的入侵。例如，在我国广东产生危害的薇甘菊，擅长攀援缠绕于乔灌木植物，重压于其冠层顶部，阻碍附主植物的光合作用继而导致附主死亡，极可能是通过气流从东南亚传入的。

人类有意引入是指人类有意识地引种，但由于管理不善或事前缺乏相应的风险评估，导致部分物种变成了入侵物种。这些外来物种往往会因为生存环境和食物链的改变，在缺乏天敌制约的情况下泛滥成灾。例如，福寿螺原是作为一种营养价值较高的食用螺类被引入广东，但是因为味道掺杂腥味，被养殖者“放生”，继而严重危害水稻、芡实、甘薯及其他蔬菜等农作物。

人类无意传入是指某个物种随着人类的贸易、运输、旅行等活动被无意识地引进。这种方式虽然是人为引进的，但在主观上并没有引进的意图。例如，红火蚁就是在20世纪初因检疫上的疏失入侵了美国南部，最终造成重大经济损失。此外，还有随运输工具的携带造成意外入侵，如混杂在远洋船的压舱水中被带入世界各地的条形贝。还有一些有害生物通过进口农副产品或其他进口货物的包装等被带入某地，如从日本入侵到我国及欧美地区的光肩星天牛。

第二章

出入境人员携带物动植物检疫

CHAPTER 2

随着世界经济全球化进程的不断加快和国家间交流的日益频繁，机遇与挑战并存是各旅检口岸面临的现状。一方面，出入境人员的激增，带动了贸易、文化、旅游等行业的发展；另一方面，因出入境人员携带物而引发的国门生物安全风险也日益加剧。

第一节 出入境人员携带物动植物检疫概述

一、我国出入境人员携带物检疫相关法律法规

（一）入境人员携带物检疫相关法律法规

入境人员携带物，是指入境的旅客（包括享有外交、领事特权与豁免权的外交代表）、交通工具的员工以及其他人员，随身携带以及随所搭乘的车、船、飞机等交通工具托运的物品和分离运输的物品。入境人员携带物检疫工作是海关依法对出入境旅客携带物实施检疫的措施。对于入境人员携带物检疫工作而言，最基本且最重要的即是对入境旅客携带的禁止进境和限制进境的物品进行检疫、截留与处置。其是海关保护国门生物安全、经济安全和国家安全，筑牢口岸防线的基础。

入境人员携带物检疫的现场执法工作主要参照《中华人民共和国禁止携带、寄递进境的动植物及其产品和其他检疫物名录》《中华人民共和国禁止进出境物品表》《中华人民共和国限制进出境物品表》《出入境人员携带物检疫管理办法》执行。

1.《中华人民共和国禁止携带、寄递进境的动植物及其产品和其他检疫物名录》（见附录 1）

为防止动植物疫病及有害生物传入和防范外来物种入侵，保护我国农林牧渔业生产安全、生态安全和公共卫生安全，根据《中华人民共和国生物安全法》《中华人民共和国进出境动植物检疫法》《中华人民共和国种子

法》等法律法规，农业农村部会同海关总署发布第 470 号公告，对《中华人民共和国禁止携带、邮寄进境的动植物及其产品名录》（农业部、国家质量监督检验检疫总局公告第 1712 号）进行了修订完善，形成了新的《中华人民共和国禁止携带、寄递进境的动植物及其产品和其他检疫物名录》（以下简称《名录》），并于 2021 年 10 月 20 日发布实施。

与第 1712 号公告相比，第 470 号公告的内容变化主要有四方面：

（1）实施目的新增了“防范外来物种入侵”和“保护生态安全”；

（2）政策依据新增了《中华人民共和国生物安全法》；

（3）新增和明确了适用范围，进（过）境旅客、进境交通运输工具司乘人员、自境外进入边民互市或海关特殊监管区域内的人员、享有外交特权和豁免权的人员随身携带或分离托运，以及邮递、快件和跨境电商直购进口等寄递方式进境的动植物及其产品和其他检疫物；

（4）新增了《名录》调整发布机制，将在风险评估的基础上，对《名录》实施动态调整。

与旧《名录》相比，新《名录》在以下四个方面进行了完善，如表 2-1 所示。

（1）国门生物安全口岸防控更加精准。增加了部分风险较高动植物产品和其他检疫物，例如鲜切花、兽用生物制品等。豁免了部分风险可接受、可忽略的动植物产品和其他检疫物，如“干制，熟制，发酵后制成的食用酱汁类水生动物产品”“经加工处理且无血污、肌肉和脂肪等的蛋壳类、蹄（爪）骨角类、贝壳类、甲壳类等工艺品”。

（2）归类更加清晰、科学。例如，将水生动物产品单列，将有机栽培介质归类为“其他检疫物类”。

（3）相关术语表述更加规范。如将“邮寄”修改为“寄递”，契合《中华人民共和国邮政法》的统一用语；将“奶及奶制品”修改为“乳及乳制品”；将“罐头装燕窝”修改为“经商业无菌处理的罐头装燕窝”，与专业术语和相关国家标准用语一致。

（4）与其他法律法规有效衔接。备注新增了“3. 法律、行政法规、部门规章对禁止携带、寄递进境的动植物及其产品和其他检疫物另有规定的，按相关规定办理。”

表 2-1　第 470 公告和第 1712 号公告调整对照表

产品类别	第 1712 号公告	第 470 公告	调整情况
动物及动物产品类	(一) 活动物（犬、猫除外），包括所有的哺乳动物、鸟类、鱼类、两栖类、爬行类、昆虫类和其他无脊椎动物，动物遗传物质	(一) 活动物（犬、猫除外）。包括所有的哺乳动物、鸟类、鱼类、甲壳类、两栖类、爬行类、昆虫类和其他无脊椎动物，动物遗传物质	增加了甲壳类动物
	(二)（生或熟）肉类（含脏器类）及其制品；水生动物产品	(二)（生或熟）肉类（含脏器类）及其制品	将水生动物产品单列，并豁免了部分风险可接受、可忽略的动植物产品和其他检疫物，如干制，熟制，发酵后制成的食用酱汁类水生动物产品
		(三) 水生动物产品。干制，熟制，发酵后制成的食用酱汁类水生动物产品除外	
	(三) 动物源性奶及奶制品，包括生奶、鲜奶、酸奶，动物源性的奶油、黄油、奶酪等奶类产品	(四) 动物源性乳及乳制品。包括生乳、巴氏杀菌乳、灭菌乳、调制乳、发酵乳，奶油、黄油、奶酪、炼乳等乳制品	按照《中华人民共和国邮政法》的统一用语；将“奶及奶制品”修改为“乳及乳制品”
	(四) 蛋及其制品，包括鲜蛋、皮蛋、咸蛋、蛋液、蛋壳、蛋黄酱等蛋源产品	(五) 蛋及其制品。包括鲜蛋、皮蛋、咸蛋、蛋液、蛋壳、蛋黄酱等蛋源产品	无
	(五) 燕窝（罐头装燕窝除外）	(六) 燕窝。经商业无菌处理的罐头装燕窝除外	将“罐头装燕窝”修改为“经商业无菌处理的罐头装燕窝”，与专业术语和相关国家标准用语一致

表2-1　续1

产品类别	第 1712 号公告	第 470 公告	调整情况
动物及动物产品类	(六) 油脂类，皮张、毛类，蹄、骨、角类及其制品	(七) 油脂类，皮张，原毛类，蹄（爪）、骨、牙、角类及其制品。经加工处理且无血污、肌肉和脂肪等的蛋壳类、蹄（爪）骨角类、贝壳类、甲壳类等工艺品除外	增加了爪、牙，明确了毛类为原毛，豁免了部分风险可接受、可忽略的动植物产品和其他检疫物，如“经加工处理且无血污、肌肉和脂肪等的蛋壳类、蹄（爪）骨角类、贝壳类、甲壳类等工艺品”
	(七) 动物源性饲料（含肉粉、骨粉、鱼粉、乳清粉、血粉等单一饲料）、动物源性中药材、动物源性肥料	(八) 动物源性饲料、动物源性中药材、动物源性肥料	避免了原表述带来的歧义
植物及植物产品类	(八) 新鲜水果、蔬菜	(九) 新鲜水果、蔬菜	无
	(九) 烟叶（不含烟丝）	(十一) 烟叶	避免了原表述带来的歧义
	(十) 种子（苗）、苗木及其他具有繁殖能力的植物材料	(十二) 种子、种苗及其他具有繁殖能力的植物、植物产品及材料	增加了其他具有繁殖能力的植物、植物产品
	(十一) 有机栽培介质	(十) 鲜切花	将鲜切花纳入名录；将有机栽培介质调整到其他检疫物类

表2-1　续2

产品类别	第 1712 号公告	第 470 公告	调整情况
其他检疫物类	(十二) 菌种、毒种等动植物病原体，害虫及其他有害生物，细胞、器官组织、血液及其制品等生物材料	(十三) 菌种、毒种、寄生虫等动植物病原体，害虫及其他有害生物，兽用生物制品，细胞、器官组织、血液及其制品等生物材料及其他高风险生物因子	增加了寄生虫、兽用生物制品及其他高风险生物因子
	(十三) 动物尸体、动物标本、动物源性废弃物	(十四) 动物尸体、动物标本、动物源性废弃物	无
	(十四) 土壤	(十五) 土壤及有机栽培介质	将有机栽培介质调整到其他检疫物类
	(十五) 转基因生物材料	(十六) 转基因生物材料	无
	(十六) 国家禁止进境的其他动植物、动植物产品和其他检疫物	(十七) 国家禁止进境的其他动植物、动植物产品和其他检疫物	无

2. **《中华人民共和国禁止进出境物品表》和《中华人民共和国限制进出境物品表》(见附录 2、附录 3)**

《中华人民共和国禁止进出境物品表》和《中华人民共和国限制进出境物品表》按照“进境”和“出境”物品进行了分类，其侧重对进出境环节的政治、经济活动予以规范，如涉黄涉毒物品、枪支爆炸物等，解决的是守护国门安全，维护社会和经济稳定的问题。同时，还对出入境人员携带、寄递动植物及其相关产品作出了规定。在禁止进境物品中，禁止“带有危险性病菌、害虫及其他有害生物的动物、植物及其产品；有碍人畜健康的、来自疫区的以及其他能传播疾病的食品、药品或其他物品”入境。在限制进境物品中，规定了“濒危的和珍贵的动物、植物（均含标本）及其种子和繁殖材料”属于海关限制进境物品，需要提供相关证明文件方可审批入境。

3.《出入境人员携带物检疫管理办法》(见附录4)

现行的《出入境人员携带物检疫管理办法》于2012年8月2日颁布，至今经历了三次修正。该管理办法共分为五章四十七条。第一章是总则，介绍了法律依据、概念、执法主体等；第二章是检疫审批，规定了需要办理检疫审批的物品类别；第三章是申报与现场检疫，规定了不同物品需要接受的检疫措施；第四章是检疫处理，规定了依据检疫物的不同类别实施的后续处置措施；第五章是法律责任，规定了违反本管理办法所面临的法律责任。

（二）出境人员携带物检疫相关法律法规

出境人员是指出境的旅客（包括享有外交、领事特权与豁免权的外交代表）和交通工具的员工以及其他人员。

出境携带物是指出境人员随身携带以及随所搭乘的车、船、飞机等交通工具托运的物品和分离运输的物品。

出境禁限类携带物是国家禁止出境物品和国家限制出境物品的简称。中国出境禁限类携带物名单，由海关总署根据《中华人民共和国海关法》和其他有关法律法规，会同国务院有关部门确定，由海关总署公布并实施，即海关总署令第43号《中华人民共和国禁止进出境物品表》和《中华人民共和国限制进出境物品表》。禁止出境物品是政府为了保护国家政治、经济、文化、道德、卫生等方面的利益，以法律法规明令不准出境的物品。禁止出境物品中，涉及生物安全的，除了“带有危险性病菌、害虫及其他有害生物的动物、植物及其产品；有碍人畜健康的、来自疫区的以及其他能传播疾病的食品、药品或其他物品”外，还包括“濒危的和珍贵的动物、植物（均含标本）及其种子和繁殖材料”。限制性出境物品是指国家规定需经过有关单位批准方可进出境或因国外差价大需限制其出境的物品。限制出境物品中，涉及生物安全的是“贵重中药材”。

二、海关不同监管场所携带物检疫的监管特点

（一）航空口岸

航空口岸，又称空港口岸，指国家在开辟有国际航线的机场开设的供人员和货物出入境及航空器起降的通道。我国的主要航空口岸有北京首都

国际机场、上海浦东国际机场、上海虹桥国际机场、广州白云国际机场等。根据国际机场协会（ACI）公布的排名，2020年全球十大客运机场中，我国占据了7家，而在2019年，我国仅有北京首都国际机场、香港国际机场、上海浦东机场位列前十。我国航空口岸无论是在国际航线的覆盖率上，还是在旅客吞吐量上，都在世界上占据着至关重要的地位。当然，这也对口岸出入境人员携带物检疫工作提出了更严峻的挑战。

航空口岸全年不间断运行，旅客出入境时间跨度大，口岸工作人员往往需要长时间在岗。尤其是入境人员携带物检疫工作，如遇航班集中到达，旅客会在短时间内密集通关，口岸工作人员既要确保入境人员的通行不受阻，又要确保查验工作有效开展。因此，航空口岸的入境人员携带物检疫工作主要呈现以下三个特点。一是查验手段以X光机和人工开箱相结合的方式为主。X光机可以不间断地对入境人员的行李实施非侵入式查验，确保通关速度，帮助检疫人员筛选出可疑物品，随后再实施人工开箱查验，既确保了通行效率又提高了禁止进境物品的截获率。二是截获禁止进境物的种类主要为新鲜水果、水生动物产品、肉类及其制品。航空口岸的截留物来源地广泛、品种多，检疫风险难以估计。尤其是来自非洲、东南亚等地区的航班，旅客截留物呈现出非常明显的地域特色，也便于检疫人员实施精准布控、分类管理。三是旅客主动申报意识低，大部分旅客因对法律法规不熟悉或存在侥幸心理而试图携带禁止进境物品入境。

（二）水运口岸

近年来，随着中国邮轮产业经济的飞速发展，国际邮轮码头成为出入境人员携带物查验的一个重要监管场所。以上海吴淞国际邮轮港为例，2016年其旅客吞吐量已位居亚洲第一，世界第四。在对邮轮港出入境旅客携带物的监管工作中，口岸工作人员不断思考、摸索、实践，总结出了适应邮轮港运行模式的“人引导，犬筛查，人开箱”的工作举措。邮轮港的入境旅客检疫工作呈现如下特点：一是邮轮靠泊后数千名旅客瞬时涌入行李大厅，短时间内如不予以正确引导分流容易造成大批人流拥堵；二是旅客行进方向各异、路径不一，工作人员难以控制抽检比例；三是由于邮轮无行李限量，旅客往往携带较多行李，且不愿交予船方集中装卸而是采用手提，如果只检查托运行李会增加禁止进境物闯关入境的概率；四是邮轮来源地单一，旅客携带的禁止进境物多为同类物品。针对邮轮码头旅客携带物查验存在的“时间短，客流大，行李多，来源简单”的特点，上海吴淞国际邮轮港的工作人员将旅客托运行李与手提行李分开查验，针对来自不同国家（地区）的邮轮依据不同风险控制抽查手提行李的比例，确定抽查的重点。相关部门加强对工作人员的培训，便于工作人员发现禁止进境物品。新模式的运用大幅提升了邮轮旅检现场检疫查验的工作效率，也确保了旅客的通关时效。

与此同时，近年来海运进境的私人行李呈大幅上升趋势。通过海运方式进境的私人行李，运输费用成本低，运输的物品多以家具、衣物、生活用品为主，因此具有杂、多、乱的特点，且由于私人行李当事人对法律法规的认知有限，申报大多不够翔实，加之现有口岸查验模式因诸多条件限制，导致出现查验困难、检出率低的问题，海运集装箱进境私人行李检验检疫工作风险也日益突出。为此，上海口岸开创了海运集装箱进境私人行李集中查验模式，能减少行李从海运码头运输到查验点的中间环节，做到每个整箱都能全掏查验，并能配合 X 光机及人工开箱检查，由此，口岸发挥了更严密的监管作用，有效降低了检疫风险并防止夹带违禁物品，提升了执法把关的有效性，提高口岸依法履职的能力，在保障国门生物安全方面取得了明显的成效。

（三）陆地口岸

陆地口岸是指国家（地区）在陆地上开设的供人员和货物出入境及陆上交通运输工具停站的通道。陆地口岸包括国（边）境以及国家批准内陆直接办理对外进出口经济贸易业务往来和人员出入境的铁路口岸和公路口岸。

以深圳口岸为例，陆地口岸的入境人员携带物查验工作主要呈现以下特点：一是通关人流密集，客流量大，查验人员压力大，查验手段主要依靠人员筛查，对口岸工作人员的现场控制能力及应变能力有很高的要求；二是相较海港和空港而言，陆地口岸的通关人员更加固定，因为较低的通关成本容易形成有组织的携带禁止进境物的团队；三是由于地理原因，携带的禁止进境物一般较为固定，有一定的地域特色。针对上述特点，深圳口岸探索出以身份验核、面部识别、无感式通关等科技手段加持的智慧旅检，有针对性地将正常旅客和“水客”分离，在提高旅客通关感受度的同时，进一步提高截获效果。

三、主要国家和地区出入境人员携带物检疫监管概况

（一）美国

美国国土幅员辽阔，东临大西洋，西接太平洋，辖50个州和哥伦比亚特区，其中阿拉斯加和夏威夷位于本土大陆之外，此外还辖有关岛以及其他海外岛屿。作为世界上最大的经济体，美国与世界其他国家（地区）往来非常频繁，大量的商务、旅游、学术活动在这里举行。美国共有327个出入境口岸，根据美国海关统计，每天合法入境人数超过100万，入境人员几乎来自世界上每一个角落，这使得相关的动植物检验检疫风险不容忽视。

美国旅客携带物的具体日常执行工作由美国海关与边境保护局（Customs and Border Protection，CBP）负责，对旅客申报、查验、处罚等实行统一管理，其中动植物检疫是入境人员行李检查的一部分。美国农业部动植物卫生检验局（Animal and Plant Health Inspection Service，APHIS）负责动植物检验检疫法律法规的制定，提供相关的技术支持并负责对相关检验检疫人员的培训。美国的入境行李检查措施是比较严格的，所有的入境旅客都必须如实填报申报单，对恶意不申报或不如实申报的旅客，可能招致非常严厉的处罚措施（最高可能获2年监禁和5000美元罚款）。旅客在完成旅行证件检查、现场问询后，会进入行李检查环节。CBP的官员会依据现场旅客通行情况、旅客来源地、携带行李数量、申报内容、产品的包装和状况等方面，确定旅客需要接受的检查程序，将旅客携带的动植物和动植物产品的管理细分为允许入境、限制入境和禁止入境三种不同类别，并实时更新分类内容。对于曾经携带过禁止进境物入境的旅客，CBP会根据历史记录对这部分入境人员的行李进行严格的X光机过机检查及人工开箱查验。APHIS也对外公布细化的工作手册，如《动物产品手册》（Animal Product Manual）和《水果蔬菜手册》（Fresh Fruits and Vegetables Manual），作为检疫官的执行参考依据，也帮助旅客加深对管理政策的了解。APHIS还建立了“蔬菜水果进口限制条件数据库”（Fruits and Vegetables Import Requirements（FAVIR）Online Database），实时更新各类蔬菜和水果最新的进口要求，方便商业进口和旅客及时了解。

不同种类的动植物及其产品根据风险评估采取不同对策，从种类上说，可以被允许进入美国的动植物及其产品的种类是非常多的。以宠物为例，美国并不像中国一样将允许携带的活动物限定在特定的种类，大多数常见的动物都可以被允许入境，对于不常见的动物，通常只能通过几个甚至是某一个具备检疫条件的特定口岸入境 。

（二）澳大利亚

澳大利亚地域辽阔，生物多样性丰富，被认为是世界上旅客携带物检疫管控措施最严格的国家之一。澳大利亚入境旅客携带物检疫工作由农渔林业部（DAFE）的边境管理司和人员与服务传递司两个部门管理。与中国相比，澳大利亚的旅客携带物执法工作有如下几个突出特点。一是及时修订法律法规以适应形势发展需要，从而促使整个体系不断健全和完善。二是严厉处罚违法行为。对于非法携带动植物及其产品入境而没有申报的旅客，给予最低约合 2000 元人民币的处罚。这一处罚力度可能远远超出了携带物本身的价值。三是部门之间配合紧密，当检疫人员在执法过程中遇到阻挠或危险时，警察部门会及时介入。四是重视主动申报，对于已经申报的旅客仅对截留物实施销毁处理，反之对于未申报而携带了禁止进境物入境的旅客将采取严厉的措施，以产生较好的警示作用。五是现场执法工作分为两个检查环节，首先由海关检查证件，在行李提取处由检疫人员牵引检疫犬进行巡查；其次由海关和检疫人员对旅客进行巡查询问，收取入境旅客卡，根据旅客来源地和申报信息的内容确定风险程度，然后确定旅客及其行李需要接受何种方式的检查。六是风险分析应用成熟，依据不同来源地旅客截获情况进行数据统计和分析，依据截获率的高低划分成不同等级并进行分类查验；对于进境伴侣动物（猫、狗），根据狂犬病的引入风险，决定需要的检疫程序及隔离日期。

（三）新西兰

新西兰是目前世界上国门生物安全防控工作开展得较好的国家之一，具有世界一流的生物安全保护水平，尤其是在动植物检疫的风险分析方面，其风险分析技术居世界领先水平。新西兰国门生物安全工作的主管部门是新西兰初级产业部（Ministry for Primary Industries，MPI）。MPI 成立于 2012 年 4 月，由农业和林业部、渔业部以及新西兰食品安全局合并，负责监督管理新西兰第一产业包括农业、渔业、林业、食品、动物福利、生物安保及口岸动植物检疫等相关工作。MPI 由 6 个部门组成，包括部长办公室、运营部、规章保证部、政策贸易部、产业合作关系部及行政服务部。这 6 个部门的行政级别介于中国的部和司（局）之间，其中工作人员分布较为集中的几个地点包括惠灵顿、奥克兰、克赖斯特彻奇，另有大量员工在新西兰本土之外的国际邮轮及海外工作点开展工作。

新西兰旅邮检工作的具体执行部门是运营部下属的边境清关服务部，其执法依据包括《生物安全法案》（1993 年）、《农业化合物和兽药法案》（1997 年）、《动物产品法案》（1999 年）等法律法规。

新西兰目前共有 4 个国际机场，包括惠灵顿机场、奥克兰机场、克赖斯特彻奇机场和皇后镇机场。其中最大的机场为奥克兰机场，日进境航班近 100 架次，日进境人员约 18000 人次，约占全新西兰进境人员总数的 75%，其出入境人员数量与广州白云国际机场相近。

（四）欧盟

欧盟从 2003 年 1 月 1 日起严格限制旅客携带自用肉、乳及其制品进入欧盟及其入盟候选国。由第三国（地区）进入欧盟及其候选国的旅客携带的肉及制品和乳及乳制品只有在进行申报并出示有关原产国（地区）官方动物检疫证明的情况下才能放行，有关条件与普通进口贸易相同。婴儿奶粉、婴儿食品和医疗所需的特殊食品，如果是带包装的名牌产品，开启前无须冷藏，且尚未打开包装，则不受此规定的限制。除土耳其以外的入盟候选国、安道尔、法罗群岛、格陵兰岛、冰岛、列支敦士登、挪威、圣马力诺和瑞士的产品不在此限制之列。

总体而言，世界主要发达国家（地区）都非常重视入境旅客携带物检疫工作，并具备完善的法律法规体系和训练有素的执法队伍及专业技术人员。

拓展阅读　为什么国外的肉不能通过非贸渠道带回国内?

随着我国经济的飞速发展，人民生活水平日益提高，进口肉类及其产品成为寻常百姓家餐桌上的美味。西班牙火腿，意大利萨拉米肠、雪花牛肉等各式各样的美味给我们带来了全新的味蕾享受。从普通消费者的视角来看，国外同类产品的售价普遍比国内正规市场上的价格要低，且公众普遍认为原产地直接购买的商品，更新鲜、品质更好。那么，国家为什么要禁止通过携带物渠道携带生或熟的肉类制品呢？贸易渠道进口的肉类及其产品和旅客自行携带入境的产品有什么区别呢？

贸易渠道进口的肉类产品经过了科学的风险评估和严格的质量控制，包括境外预检、生产加工企业备案注册、进境许可证审批及核销，出口国（地区）出具官方检疫证书等。非贸渠道（如旅客携带物）入境的肉类产品来源地复杂、采购渠道多样、加工工艺未知，货物本身存在较高的检疫风险。2019年，上海浦东机场海关的检疫人员从来自非洲猪瘟疫区的航班旅客行李中截获香肠，经实验室检测非洲猪瘟病毒阳性。该病毒是世界动物卫生组织报告的动物疫病，也是我国一类动物疫病。

2020年7月3日，中华人民共和国农业农村部、中华人民共和国海关总署联合发布了第256号公告，公布了新修订的《中华人民共和国进境动物检疫疫病名录》（以下简称《名录》）。修订后的《名录》含一类传染病、寄生虫病16种，二类传染病、寄生虫病154种，其他传染病、寄生虫病41种。《名录》所列都是当前对动物健康和社会公共安全产生重大危害的动物疫病，动物疫病暴发可能造成动物繁殖性能下降、死亡率上升、资源要素的使用效率降低和畜产品的质量与数量变化等，部分人畜共患病还可能对人类健康造成损害。因此海关有针对性地制定相关规定并采取相应检疫措施，是防止国外疫病疫情传入我国的必要及有效手段。入境人员都应该主动了解目的地国家（地区）涉及检验检疫的法律法规，主动并如实申报携带的物品类别，配合当地检疫部门的检疫工作，做一名遵纪守法的合格公民。

第二节
出入境人员携带物动植物检疫监管

一、出入境人员携带物检疫监管体系

海关现行的出入境人员携带物检疫监管体系主要是由“人—机—犬”

三个方面构成的，包括人工查验、机检查验、监管工作犬查验。

（一）人工查验

人工查验是最为传统的查验方式，是指海关关员在旅客通关现场对旅客行李或随身携带物进行外形查验、开箱查验等，如图 2-1 所示。

图 2-1　海关工作人员现场查验

对旅客携带物直接开拆和近距离观察，从而确定旅客是否携带禁限类物品，是最直观且最准确的方式。对于人工查验而言，最为重要的往往不是查验的过程，而是查验对象的筛选。尤其是在客流量较大的口岸，查验关员需要在茫茫人流中判断和选择应检对象，对工作经验的要求非常高，也是一项重要的工作技能。相较于机检查验和监管工作犬查验，人工查验作为最传统的查验方式，对于物品的检查最为直观，当然也有着它的局限性。

一是效率低。人工查验往往需要五到十分钟才能完成一名旅客行李的查验，并占用一个查验台。在人流密集的口岸，现场执法场地和查验关员的配置都难以应对。

二是旅客通关获得感较差。旅客携带物中大部分是个人物品甚至涉及隐私，在公众场合被翻拣时容易导致旅客产生抵触心理，引发执法人员与当事人之间的矛盾。

三是经验要求高。筛选旅客需要积累大量的工作经验。如果查验关员开箱后禁限类物品的发现率较低，不仅影响现场工作效率，也容易造成旅客的误解和反感。近年来，随着信息化手段的应用，查验关员可以借助前期风险分析的结果，对高风险旅客进行布控，因此在一定程度上减轻了人工查验的压力。

四是未知携带物可能对查验关员的生命安全造成威胁。在对行李物品缺乏预判的情况下，直接采取人工开包的方式查验旅客行李，如遇到活动物、有毒有害物质等，会威胁查验关员及周边旅客的生命安全，还有可能造成活动物逃逸、有毒有害物质扩散等不可控制事件的发生。

（二）机检查验

机检查验是指使用 X 光机/CT 机等设备对出入境行李物品实施非侵入式检查，如图 2-2 所示。

图 2-2　用于现场查验的 X 光机和 CT 机

1. 行李物品检查 X 光机

行李物品检查 X 光机是海关传统的机检查验设备，其能够根据被检测物的有效原子序数分辨出有机物、无机物和混合物。X 光机主要用于对出入境人员行李物品的机检查验，查验关员可仅对图像分析异常的情况进行后续人工开拆查验。

2. CT 型行李物品检查设备

CT 型行李物品检查设备是新一代安检设备，采用独特的双能螺旋 CT（计算机断层扫描技术），自动识别藏匿在行李物品中的毒品、爆炸物等各类违禁品。其主要特点有：一是穿透能力强，图像清晰，可形成三维立体图像，能帮助查验关员快速识别被检查物品，降低破拆比例，提高海关查验效能；二是具有智能识别功能，能够实现毒品、爆炸物等海关重点关注违禁品/应税品的自动识别和报警，并准确标出嫌疑物所在位置。

机检查验具有速度快、安全系数高、可以对截留物实施预判等特点，对于有潜在风险的截留物，可以采取有效的防疫措施进行控制。

2013 年上海海关检疫人员在对旅客行李进行例行检查时，截获大量活的球蟒（*Python regius*）。当时对旅客行李实施 X 光机机检时，成像异常，经人工开箱查验，发现大量活蛇被扎紧装在多只黑色丝袜中，共计 121 条，根据外形初步判断是蟒蛇，如图 2-3 所示。

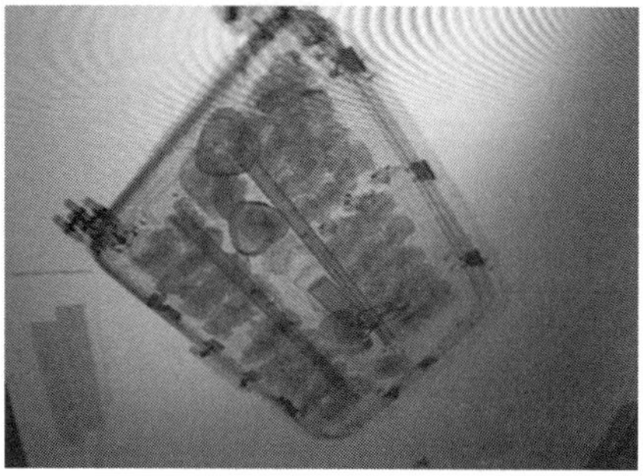

图 2-3　X 光机发现蟒蛇

（上海海关提供）

根据《中华人民共和国进出境动植物检疫法》及其实施条例、《出入境人员携带物检疫管理办法》规定，除猫、狗外，其他活动物均禁止携带入境。该蟒蛇为《濒危野生动植物种国际贸易公约》所属保护动物——球蟒。球蟒是蛇亚目蟒科属下一种分布于非洲的无毒蟒类，是近年来国内流行的新型宠物之一，口岸偷运屡有发生。任何涉及《濒危野生动植物种国际贸易公约》名录内野生动物的买卖都是违法行为。

口岸检疫人员在现场查验过程中，通过 X 光机对行李物品进行机检预判，这对防范生物安全风险、保障人员生命安全尤为重要。作为口岸一线执法单位，要加强对于这种新形势的认识，在加大打击偷运野生动物及其产品力度的同时，注意做好个人防护。

（三）监管工作犬查验

监管工作犬查验，是指犬只经过专门训练，能够按照训导员的指挥，在海关工作场所对行李物品、邮寄包裹等进行搜检，从中发现禁止进境的动植物及其产品的查验模式。

墨西哥是世界上第一个使用工作犬进行植物产品检疫的国家。除美国外，加拿大、澳大利亚、新西兰、欧盟、日本、韩国等国家和组织，都在使用监管工作犬开展动植物检疫工作。2001 年，我国首批经训练并通过专家验收的 4 条拉布拉多监管工作犬正式上岗，在北京首都国际机场进境旅检现场执行检疫任务，如图 2-4 所示。

图 2-4　海关监管工作犬在
行李转盘查验行李

监管工作犬形象良好，亲和力高，可以快速精准地在行李转盘上筛查出具有明显气味特征的行李，如水果、肉类、乳制品等。监管工作犬可以协助查验人员提前锁定嫌疑物及其所有人，防止其在拿取行李的过程中随意丢弃或调包。

1. 监管工作犬的犬种选择

监管工作犬一般选择体格健壮、发育良好、反应敏捷的犬只。尤其在猎取物品方面，工作犬能迅速衔回主人抛出的物品，主人抢夺物品时不轻易松口。同时，由于监管工作犬需要在机场候机楼、邮轮码头、车站候车大厅等环境嘈杂、人流密集的地方工作，尤其需要胆量大，能适应于人群干扰和噪声的工作犬，如图 2-5 所示。

图 2-5　拉布拉多犬作为海关
工作犬开展行李查验工作

目前，各口岸选用的监管工作犬主要有比格犬（Beagle），史宾格犬（Spring Spaniel）和拉布拉多犬（Labrador Retriever）三种。三个犬种各有特点：拉布拉多犬性格温顺，抗病力强，能够迅速适应环境，适用于空间较大的仓库、邮政包裹堆场、国际邮轮或列车的旅客托运行李的查验；史宾格犬具有极强的衔取欲和占有欲，可以在空气中分辨出微小气味的源头，适用于对行进当中的人流和传送带上行李和邮件的搜检；比格犬体形小巧，形象可爱，适用于在机场、车站、码头对旅客手提行李的搜检。

2. 训养模式

训养模式可分为自养自训型和租用代训型两种，如图 2-6 所示。

图 2-6　海关监管工作犬接受训练

自养自训型，是指由海关自行负责监管工作犬的日常饲养和训练，白天监管工作犬随训导员到现场搜检，下班后统一集中到犬舍由专人负责饲养和管理。北京海关采用的就是该训养模式。

租用代训型，是由政府出资购买监管工作犬服务，监管工作犬由专业的工作犬公司负责训练和饲养，并提供训导员到海关指定的工作场所执行搜检任务。上海海关采用的就是该训养模式。

无论采用何种训养方式，监管工作犬都必须经过考核才能取得上岗资格，此外还要接受定期复训考核，以确保搜检能力符合检疫要求。与此同时，监管工作犬训导员在上岗前，也需接受海关法律法规和监管工作犬相关知识的培训，以提高对监管工作犬的饲养管理、训练、使用和携犬上岗的能力。监管工作犬训导员在旅检现场查验工作中，须时刻关注旅客等有关人员的情绪，搜检时做好人与犬的协调配合，尽可能保证行李包裹搜检的覆盖面。

监管工作犬充实了现场查验力量，守卫了国门安全。面对日益繁重的旅邮检工作，尤其是历次重大国际活动如奥运会、世博会保障期间，监管工作犬作为“人—机—犬”综合查验体系的支柱力量，已成为“国门新卫士”。

监管工作犬的应用有利于查验关员截获疫情，增强了执法威慑力。2005年，广州白云机场海关检疫人员从越南入境旅客行李中截获禁止携带的鸭蛋，经过检测发现鸭蛋中含有高致病性禽流感病毒，这是我国首次应用监管工作犬在旅检口岸截获重大动物疫情。实践证明，监管工作犬成功弥补了传统的人工查验机检查验的不足，有效减少了逃漏检现象的发生。

监管工作犬的应用同时也能降低开箱比例，加快通关速度。经过训练的监管工作犬，能快速准确地在各种干扰性非目标气味中分辨出禁止进境物的目标气味，尤其对四大类产品（水果、肉制品、水生动物产品、乳及乳制品）的嗅查特别有效。“人—机—犬”综合查验体系提高了查验的覆盖率和检出率，经由监管工作犬搜检初筛后再通过机检查验对比，使有效开箱比例大幅提升并能迅速确定违禁物种类并定位其位置，降低了检疫人员的查验难度，缩短旅客等待时间，加快了通关速度。

监管工作犬赢得了旅客的喜爱，树立了亲和友善的工作形象。近年来，监管工作犬温顺可爱又积极搜寻的身影频频出现在从世界各地涌入国门的人潮中，赢得了广大旅客的喜爱，为提升公众国门生物安全意识发挥了巨大作用。

当然，监管工作犬查验也存在局限性。其一，监管工作犬的集中工作时间有限，平均每次上岗时间在30分钟左右，期间需要保证充足的休息才能重新恢复状态，因此工作效率有限；其二，部分旅客对监管工作犬很好奇，并出现围观、近距离接触等行为，干扰了监管工作犬的工作；其三，少部分旅客对犬类有恐惧感也可能导致现场查验的不顺利。

人工查验、机检查验、监管工作犬查验三种查验方式都各有优点和缺点，因此经过口岸多年的实践，目前在出入境旅客携带物查验工作中采取了“人—机—犬”三位一体综合查验模式，三者之间取长补短、互相配合，形成了现在口岸入境旅客携带物查验体系，即通过监管工作犬和机检查验交叉筛选，确认嫌疑较大的行李，再配合人工查验，最终确认是否携带禁限类物品。该体系具有效率高、精度准、旅客受影响小的特点，是海关通过不断摸索得出的成熟体系。

二、出入境人员携带物的检疫监管流程

（一）现场查验流程

1. 入境人员携带物的查验

旅客入境后首先向海关检疫部门主动申报。申报台一般设置在入境人员携带物查验区域内，除可以递交纸质申报单外，目前全国多地海关已经实现了电子申报，旅客可以在入境前完成，从而加快通关速度。旅客申报后，现场关员会根据入境旅客携带物的类型，审核相关单证并实施查验。如果携带了禁止进境名录内的物品，须提前办理相关审批手续，或申请补办。申报完毕后，海关工作人员将对携带物实施现场查验，目前海关采取“人—机—犬”三位一体综合查验模式。开展现场查验的关员不少于 2 人，且携带人必须在场。对于现场检疫合格且无须作进一步实验室检疫、隔离检疫或者其他检疫处理的，可以当场放行；对于发现有害生物或为害状等其他不予放行情况，海关工作人员应向当事人开具《出入境人员携带物留验/处理凭证》，并进行后续处置。值得注意的是，是否主动申报可以作为海关后续处置中的一个重要参考因素。因此，旅客在入境前，一定要了解我国对于携带物的具体规定，以避免违法行为的发生及不必要的经济损失。对于情节严重的违法行为，旅客有可能被追究刑事责任并影响个人诚信记录。

对于随航空器、邮轮、列车等运输工具入境的工作人员，海关采取从严查处的措施。一是不允许入境运输工具上的工作人员从机坪、贵宾室等特殊通道离开，如有必要，其行李必须接受 X 光机检查。一旦发现工作人员利用职务之便携带禁止进境物入境，除接受必要的处罚外，所在海关还会将违法行为通报给其所在的航空公司、邮轮公司等。二是要求企业加大员工的教育培训力度，加强运输工具工作人员的守法意识，杜绝违法行为发生。

2. 特殊监管人群及领域的携带物查验

对于享有外交、领事特权与豁免权的外国机构和人员公用或者自用的植物及其产品入境，应主动告知海关工作人员并接受检疫，检疫查验时须有外交代表或者其授权人员在场，避免引起外交纠纷。

3. 出境人员携带物的查验

出境人员须向海关申报台申报，经关员受理与审核后，检疫人员实施现场查验及后续处置。现场关员根据出境旅客携带物类型，审核相关单证，开展现场查验的关员应不少于2人。查验携带物时，携带人必须在场。海关对携带人的检疫许可证及其他相关单证进行核查，核查合格的，应当在现场实施检疫。现场检疫合格且无须作进一步实验室检疫、隔离检疫或者其他检疫处理的，可以当场放行。发现有害生物或为害状等其他不予放行的情况，应当开具《出入境人员携带物留验/处理凭证》，并实施后续处置。

（二）现场检疫措施

根据《出入境人员携带物检疫管理办法》的规定，出入境人员携带下列物品，应当向海关申报并接受现场检疫，具体包括：入境动植物、动植物产品和其他检疫物；出入境生物物种资源、濒危野生动植物及其产品；出入境特殊物品；出入境的尸体、骸骨等；来自疫区或者可能传播传染病的行李和物品及其他应当向海关申报并接受检疫的携带物。

海关的现场检疫流程主要包括资料审核、现场检查。资料审核即审单，审核内容主要包括但不仅限于动植物检疫审批单、动植物检疫许可证、官方检疫证书、特殊物品审批单、农业转基因生物安全证书、濒危动植物及其产品证明文件等。现场检查主要查看货证是否相符，物品是否异常。必要时，还应送实验室或相关部门作进一步检测、鉴定。现场检疫合格的，予以放行处理；现场检疫不合格的或无法判定的，作截留处理。

（三）截留物后续处置

对出入境人员携带物作截留处理的，需对截留物进行后续处置工作。截留物的种类繁多，当事人违法情形存在差异，因此须对截留物实施分类后续处置管理，并注意防范检疫风险及廉政风险。目前，各口岸执法部门都采取了查处分离的模式防范截留物的廉政风险，即现场查验与截留物后续处置分开管理、分开执行。

1. 截留物的分类处置

海关工作人员对依法截留的携带物开具《出入境人员携带物留验/处理凭证》，常见处置决定有限期退回、销毁、检疫合格后放行等。

2. 截留物后续处置的生物安全防范

一般性的截留物，可参照普通行李物品办理入仓手续，并在携带物管理系统中进行入仓操作，由仓储部门存放于截留物临时仓库进行保管；对于动植物活体、血液、骸骨及生物制品等仓储部门不具备保管条件的，由现场业务部门按相关工作指引进行处理。

对于限期退回的截留物，逾期未办理退回手续的，由后续处置部门进行登记、审核后，作销毁处理。超期无人认领的截留物品，作销毁处理。

对来自动物疫病疫区的肉类及其产品，鲍鱼、龙虾等鲜活水生动物，须进行消毒预处理，以达到防疫效果。在销毁海参、燕窝、鱼胶等高价值动植物产品前，须进行破拆使其失去使用价值，并进行消毒预处理以达到防疫效果。所有动植物产品截留物，都须送实验室检测或无害化处理中心作销毁处理。

如发现动植物疫情的，应及时上报。发现重大疫情或有毒有害物质严重超标的，按照进出境重大动植物疫情应急处置预案规定进行处置。

三、出入境携带宠物检疫监管相关规定

宠物作为人类的伴侣动物由来已久，饲养宠物已经成为许多人生活中的一种精神寄托。当然，宠物不可避免地会携带一些对人类身体健康有害的细菌、病毒、真菌等，甚至引发人畜共患病。因此，科学、合理地管理好出入境旅客携带宠物对于国门生物安全尤为重要。

（一）入境携带宠物检疫监管相关规定

2019 年 5 月 1 日起，《关于进一步规范携带宠物入境检疫监管工作的公告》（海关总署公告 2019 年第 5 号）正式实施，与之前的进境宠物管理办法相比，新规定对进境携带伴侣宠物作出了详细的规定，在对进境宠物的分类管理上更人性化、更科学、更具可操作性。

1. 按宠物来源地不同实施分类管理

新规定按照旅客来源地不同，分为指定国家（地区）及非指定国家（地区）。

对于指定国家（地区），携带人应当向海关提供输出国家（地区）官方动物检疫机构出具的有效检疫证书和狂犬病疫苗接种证书，宠物应当具有电子芯片，如图 2-7 所示。

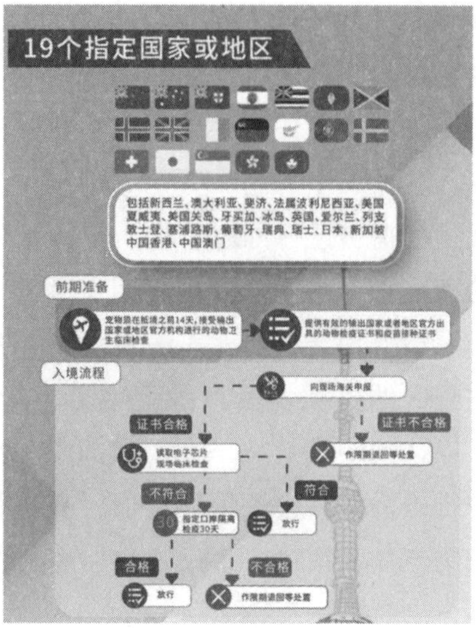

图 2–7 指定国家（地区）的入境伴侣宠物检疫措施

指定国家（地区）包括新西兰、澳大利亚、斐济、法属波利尼西亚、美国夏威夷、美国关岛、牙买加、冰岛、英国、爱尔兰、列支敦士登、塞浦路斯、葡萄牙、瑞典、瑞士、日本、新加坡、中国香港、中国澳门。

对于非指定国家（地区）的入境伴侣宠物，除上述证明材料外，还需提供中国海关采信实验室出具的狂犬病抗体检测报告（抗体滴度或免疫抗体量在 0.5 IU/ml 以上），如图 2-8 所示。海关总署采信实验室名单见附录 5。

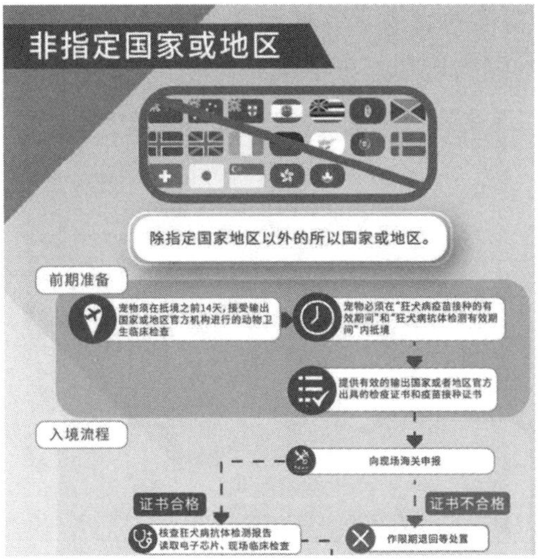

图 2-8　非指定国家（地区）的入境伴侣宠物检疫措施

无论是从指定国家（地区），还是非指定国家（地区），携带入境的宠物都应当在入境口岸海关接受现场检疫，海关依据现场检疫结果，对宠物作放行、限期退回或销毁处理。作限期退回处理的宠物，携带人应当在规定的期限内持海关签发的截留凭证，领取并携带宠物出境；逾期不领取的，视为自动放弃，作销毁处理。

对于携带工作犬的（仅限导盲犬、导听犬、搜救犬），工作犬应具有有效电子芯片，携带人提供相应使用者证明和专业训练证明并经现场检疫合格的，可以予以放行。

2. 明确规定伴侣宠物的种类和数量

携带入境的宠物种类仅限犬或猫，数量仅限 1 名携带人每次入境携带 1 只宠物。用于实验、展会、比赛等用途的犬和猫的检疫监管（犬、猫），不适用该管理规定。

3. 从严管理需隔离检疫的宠物

根据规定的要求，因资料提供不全或现场临床检疫发现异常的入境伴侣宠物，可以先予以实施隔离检疫，再依据情况进行后续处置。

与之前规定不同的是，对于需实施隔离检疫的宠物，新规定的管理更严格。一是需隔离检疫的宠物必须从建设有隔离检疫设施的口岸入境，目前共有 10 个指定口岸符合要求，如图 2-9 所示；二是隔离期为 30 天，且必须在海关指定的隔离场实施集中隔离。

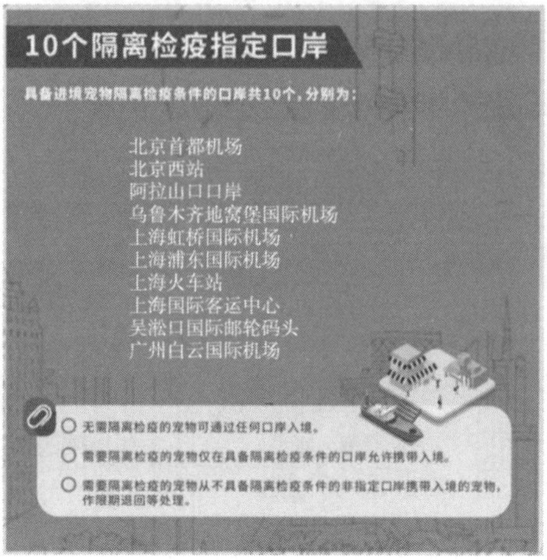

图 2-9　具备隔离宠物条件的
10 个指定口岸

4. 限期退回或销毁处理

如出现以下几种情况，应限期退回或销毁处理：携带宠物超过限额的；不能向海关提供输出国家（地区）官方动物检疫机构出具的有效检疫证书或狂犬病疫苗接种证书的；携带需隔离检疫的宠物，但从不具备隔离检疫设施条件的口岸入境的；宠物经隔离检疫不合格的。

（二）出境携带宠物检疫相关规定

1. 出境携带宠物检疫一般规定

携带出境的宠物，仅限指犬和猫（以下简称宠物），不包括用于实验、展会、比赛等用途的犬和猫的检疫监管（犬、猫），必须依据《中华人民共和国海关法》《中华人民共和国进出境动植物检疫法》及其实施条例的相关规定，接受海关检疫监管。

宠物出境以输入国家（地区）兽医主管部门检疫要求为准。输入国家（地区）对入境宠物检疫有新要求的，以最新要求为准。海关工作人员须核查旅客个人身份证明、养犬登记证、免疫接种证等信息，相关资料有效且经临床检疫合格的，由高级签证兽医官按要求签发《动物卫生证书》；未能提供有效资料或经临床检疫不合格的，不予出证。携带宠物出境至日本、韩国、以色列、欧盟的，海关须按双边协定出证要求规定内容版本出具《动物卫生证书》；未有明确要求的，参照通用版本评语模板要求出具《动物卫生证书》，如需加入其他评语内容，工作人员必须现场核验相关证明材料。

输入国家（地区）要求证书上列明电子芯片号的，海关须核查宠物是否具有有效电子芯片，宠物植入的芯片须符合国际标准 ISO 11784 和 ISO 11785。15 位微芯片代码只包含数字，并确保可被读写器读取。如芯片不符合上述标准，宠物主人应自备可以读取所植入芯片的读写器。

携带宠物出境需出证的，海关应受理旅客或代理人申请，并核查旅客提交的个人身份证明、养犬登记证、免疫接种证等有关材料是否完整、一致、有效。经审核符合要求的，受理申请，并将相关信息录入系统，相关资料复印留档。海关应由具备查验岗位资质人员现场核验宠物品种、学名、性别、毛色、芯片号等情况是否与申请资料一致，并进行临床检查。资料审核且临床检查合格的，应出具《动物卫生证书》。

对于携带人不能提供有效的身份证明文件（不能向海关提供有效狂犬病疫苗接种证书的；提供的狂犬疫苗抗体指标血清报告非指定认可实验室出具的，或报告内容不符合要求的；现场读取的宠物芯片号与提供资料不符的；宠物临床检疫不合格的），不予出具《动物卫生证书》。

2. 出境至日本宠物检疫相关规定

宠物出境前，海关应受理旅客申请。旅客应提供旅客个人身份证明文件、最近 2 次狂犬病疫苗接种证明、日本农林水产省认可实验室出具的狂犬病疫苗免疫抗体检测报告等材料，海关检疫关员应对材料进行审核，审核内容重点包括：

①检测结果报告中血清抗体滴度需大于或等于 0. 5 IU/ml；

②宠物携带人身份真实、有效；

③狂犬病疫苗免疫接种仍在有效期。

符合要求的受理申请，不符合要求的不予受理。

3. 出境至欧盟宠物检疫相关规定

宠物出境前，海关应受理旅客申请。旅客应提供旅客个人身份证明文件、狂犬病疫苗接种证明、欧盟认可实验室出具的狂犬病疫苗免疫抗体检测报告等材料，海关检疫关员对材料进行审核，审核内容重点包括：

①宠物携带人身份真实、有效；

②由欧盟指定认可实验室出具的狂犬疫苗免疫抗体检测报告，血清抗体滴度需大于或等于 0.5 IU/ml；

③狂犬疫苗免疫抗体检测报告上血液样本的采集日期不早于狂犬病疫苗注射日期 30 日后；

④狂犬疫苗抗体检测报告上血液样本采集日期后 3 个月以上方可入境欧盟；

⑤出境欧盟的宠物犬须至宠物医院进行多房棘球绦虫处理，并由执行兽医在证书上注明相关信息，有效期为 120 小时。证书自官方兽医签发之日起到携带者入境时间为止 10 天有效。

符合要求的受理申请，不符合要求的不予受理。

4. 出境至其他国家（地区）宠物检疫相关规定

宠物出境前，海关应受理旅客申请。旅客应提供旅客个人身份证明文件、狂犬病疫苗接种证明、狂犬病疫苗免疫抗体检测报告［根据目的国家（地区）要求提供］等材料，海关检疫关员对材料进行审核，审核内容重点包括：

①宠物携带人身份真实、有效；

②血清抗体滴度需大于或等于 0.5 IU/ml；

③狂犬病疫苗免疫接种仍在有效期内。

符合要求的受理申请，不符合要求的不予受理。

拓展阅读　层出不穷的象牙藏匿手段

2017 年，一部名为《象牙游戏》（The Ivory Game）的纪录片，引起了国际社会的轩然大波。它揭露了在亚洲、非洲的非法象牙贸易路线，用镜头赤裸裸地记录下一个血腥的黑暗帝国。通过这部纪录片，很多人第一次知道，如果继续保持着现在的趋势，大象——陆地上最大的哺乳动物，将会在 15 年内面临灭绝。虽然世界各个国家（地区）联合签署了禁止象牙贸易的公约，但是一些不法之徒还是在绞尽脑汁地走私象牙及其制品，藏匿手段层出不穷，有通过自身携带的，有通过寄递渠道的，有藏匿在红酒盒、巧克力盒中的，有藏于收音机底座、金属模具夹层以及热水壶底座内的，如图 2-10 所示。

图 2-10　象牙制品藏于收音机底座、金属模具夹层以及热水壶底座

2017 年 12 月 31 日，我国全面停止商业性加工销售象牙及其制品活动。2020 年 4 月 15 日，国家林业和草原局发布 2020 年第 7 号公告声明，继续严格禁止进口象牙及其制品，且未公布禁令失效日期。近年来，海关检疫人员在遏制象牙制品通过旅客携带物渠道非法入境方面，采取了积极而有效的措施，大大打击了象牙及其制品走私的行为。

第三节
出入境人员携带物动植物检疫常用设备使用技巧及规范

为了提高监管效率，便利旅客通关，海关在出入境旅客携带物监管环节投入使用一些设施设备。常用的设施设备包括 X 光机/CT 机、宠物手持芯片读取仪、红低温携带物探测系统等。

一、X 光机/CT 机

X 光机/CT 机主要指旅检现场使用的 X 光/CT 物品检查机（简称“X 光机/CT 机”）。各关应根据需要配备专职或兼职人员，负责行邮 X 光机/CT 机的日常管理使用。

（一） 岗位设置

实施 X 光机/CT 机查验作业场所应设置机检岗。空港安装托运行李先期 X 光机/CT 机查验的现场可根据实际业务增设行李挑拣岗。机检岗主要负责操作 X 光机/CT 机，对旅客行李物品或邮递物品进行检查作业。实施托运行李先期机检的空港口岸，由行李挑拣岗负责查找机检岗确定的可疑托运行李，并通知现场工作人员处理。

所有岗位操作人员必须接受岗前培训，培训内容包括设备基本构造、具体操作流程、判图技巧、紧急情况处理等。所有岗位人员应确保自身安全，做好辐射防护措施。在操作设备过程中，各岗位工作人员要严格按照设备操作手册操作。

（二） 机检作业

X 光机/CT 机由机检岗关员负责启动和预检前的相关安全检查工作，重点对电源连接是否正常、传送带有无开裂和通道内是否有遗留物品等进行检查，遇有异常情况，应及时处置或通报技术人员进行维修。设备内 X 光发生器断电较长时间后，再次使用前应依据运行检查站的相应提示信息进行预热操作。使用完毕后，由机检岗关员负责进行安全检查，确认无其他异常情况后，视现场监管情况及时关机。

旅检口岸实施行李物品先期机检作业时，机检岗关员应引导行李挑拣岗工作人员将待检行李依次放至规定待检位置，检查完毕后应引导旅客在出口端取回行李。

对托运行李实施先期机检作业时，机检岗关员应负责对托运行李 X 光机/CT 机图像进行判别（包括 X 光机/CT 机已经自动报警的图像），确定可疑行李物品，并通知行李挑拣岗人员对可疑行李物品进行标记。在对托运行李进行初步 X 光/CT 图像判别后，应利用进境旅客办结通关手续前或出境旅客登机前的时间，对标记的托运行李进行人工检查。

对易损、易碎物品挑拣岗位工作人员采用安全的摆放方式进行 X 光/CT 检查。禁止超高、超长、超宽、超重的待检物品进入 X 光机/CT 机检查通道。

如遇突发情况，机检岗位或者挑拣岗位工作人员应立即按下暂停按钮，暂停 X 光机/CT 机、传送带工作。待排查完突发情况并确保安全后方可恢复运行。

机检岗关员应依据查验要求，对行李物品、邮递物品扫描图像进行综合分析。首次过机图像分析结果难以确定的，可根据需要从不同角度再次过机，研究确认分析结果。

如过机图像正常，机检岗关员可作放行处理；如出现异常情况，应转人工开箱查验等方式进一步确认，对确认查获的物品过机图像进行保存并结合查验结果对图像作出准确标记后上传至数据库。

经人工查验，在行李物品或邮递物品中未发现图像呈现的疑点时，应对比图像核对疑点在实物中的位置再次检查。必要时可采取不同角度或清空内装物品过机检查等方式结合人工查验，排除或证实图像呈现疑点。

机检岗应做好当天旅客行李或邮递物品机检查验量、查获量、查获案件等业务数据的记录统计工作。

（三） 图像管理

所有旅客行李或邮递物品机检扫描图像应连续保存于设备中，未经直属海关关领导或经授权的处级领导批准不得擅自删除，不得向海关以外单位提供。凡经批准提供图像资料的，设备管理员须做好相应记录。

对所储存扫描图像应定期开展集中研判，总结判图技巧，并定期开展判图培训。

二、宠物手持芯片读取仪

宠物手持芯片读取仪是通过无线识读技术，读取动物体内电子芯片。狗猫的芯片通常位于后颈肩胛骨中间的皮下，将芯片读取仪至于附近部位，读取芯片信息，宠物手持芯片读取仪外观如图 2-11 所示。

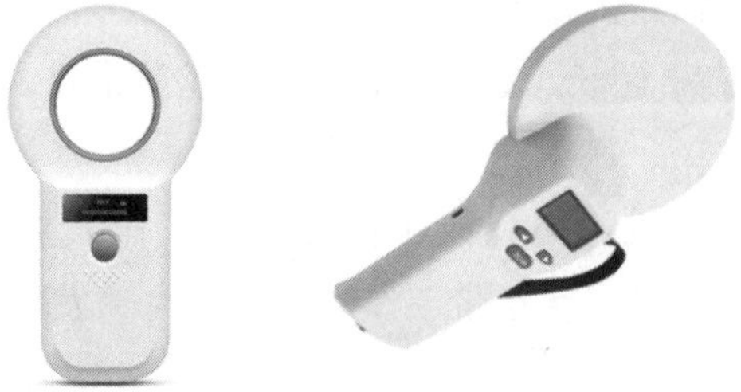

图 2-11　宠物手持芯片读取仪

三、红外低温携带物探测系统

红外低温携带物探测系统利用红外非接触式测温特性，能在较远距离快速准确锁定藏匿禁止携带的可疑行李（冷冻或高温烤制物品），有效弥补了在查验冷冻、高温制品方面的不足，查验准确率由原来的 10%提高到 90%，在打击非法携带违禁品中优势较明显，红外低温携带物探测系统可探测旅客携带的低温物品并发出警报，具有可设定报警温度阈值、实时定位追踪、覆盖范围大、查看报警历史记录等功能。一旦旅客携带低温物品，系统可实时对低温物品进行定位显示，及时发出警报，查验现场可立即截停旅客并对其携带物品进行查验。该系统实时显示红外视频和对应可见光视频，报警目标定位准确、页面清晰、操作简单。

拓展阅读　美国为什么要严管舞毒蛾？

舞毒蛾是美国国内检疫法规唯一被列入检疫对象的森林害虫，根据北美植物保护组织规定，从 2012 年 3 月起来自同一港口的船舶被多次发现舞毒蛾的，将拒绝来自该港口所有船舶和货物入境。美国为什么要严管舞毒蛾？故事要从一名法国的昆虫学家特鲁维特说起。特鲁维特酷爱昆虫，正是因为他对昆虫的喜爱，引发了一场至今都没能消除的灾难。1852 年，特鲁维特跟家人逃离法国，来到美国的马萨诸塞州避难。当时来自中国的丝绸在美国异常畅销，于是特鲁维特就想培育美国本土的蚕，用它们来生产丝。在比较了几种蚕后，他选定了多音天蚕。养蚕过程中蚕容易感染一种严重的传染性病害——微孢子虫病，给蚕种生产造成严重损失。

特鲁维特想到了一种预防微孢子虫病的办法。他计划让舞毒蛾与多音天蚕杂交，通过杂交优势来让多音天蚕能够抗微孢子虫病。19 世纪 60 年代中期，特鲁维特使用了一些欧洲舞毒蛾的卵块在后院培育舞毒蛾。舞毒蛾的形态如图 2–12 所示。

图 2–12　舞毒蛾

这个异想天开的计划导致了灾难性的后果。1869 年，一些舞毒蛾的幼虫逃脱到附近的森林，也就是这几只出逃的飞蛾，在随后的几年里疯狂繁衍，十几年后，舞毒蛾虫灾首次在特鲁维特住家附近暴发，它们吃光了所有树木的叶子，占领了屋顶和道路。他的邻居抱怨说："我们失去了在室外活动的乐趣，只要抖一下树，舞毒蛾就像下雨一样落下来。"

自从舞毒蛾进入美国后，现在每年有将近 40 万公顷的树林被舞毒蛾幼虫吃光树叶，平均每年损失近 8.68 亿美元。至今美国政府对彻底消灭这些舞毒蛾都无能为力。

第四节
出入境人员携带物动植物检疫案例与实践

一、动物疫情疫病截获典型案例

案例 1　截获动物源性生物试剂

案例介绍　2015 年 1 月，某旅客携带一只犬类伴侣动物入境。检疫人员在对该伴侣动物进行现场检疫查验时发现犬笼后有一个白色泡沫箱，根据以往经验判断，该泡沫箱子可能装有禁止携带入境物。工作人员对该名旅客进行询问并要求进行开箱检查，发现箱内装有若干冰袋和两盒犬细小粒病毒疫苗，共计 100 支。该名旅客自述该批疫苗是用于国内某养殖场内犬只的免疫接种，但未能提供检疫审批文件。工作人员对该旅客进行相关法律法规宣贯，并开具截留凭证后对该批疫苗进行截留销毁处理。

案例分析 动物疫苗属于生物制品，禁止携带入境。疫苗为灭活病毒或减弱毒性毒株制品，具有相当高的风险。灭活不完全或本身具有弱毒性的疫苗一旦传入或变种，将引起疫情的扩散。随着国际交往频繁，出入境旅客携带伴侣动物成为一种常态。检疫人员有必要加大对旅客携带伴侣动物出入境的相关法律法规的宣传，并提高警惕，防止少数旅客通过主动申报入境伴侣动物分散检疫人员注意力，携带动物疫苗非法入境，截获的动物疫苗如图 2-13 所示。

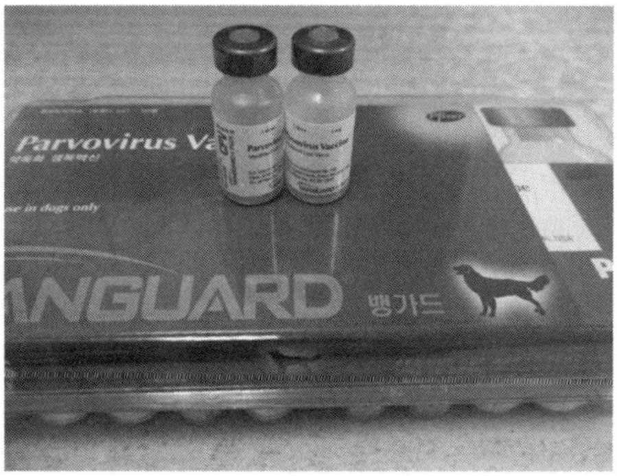

图 2-13　截获的动物疫苗

案例 2　截获虾白斑病毒

案例介绍　2019 年 8 月 24 日，上海浦东国际机场海关工作人员在对入境旅客实施行李物品查验时，查获冻虾 5. 66 kg，海关工作人员现场对该批冻虾予以截留，经实验室检测，该冻虾中虾白斑病毒检测呈阳性。

案例分析　病虾症状一般是停止摄食，行动迟钝，体弱，弹跳无力，漫游于水面或伏在池边、池底不动，很快死亡。虾白斑病毒感染引起虾摄食量骤降，甲壳上可见到明显的白斑，感染率较高，7 天左右可使池中 70%以上的虾患病，从出现症状到死亡只需 3～5 天，甚至更短，曾对世界虾养殖产业造成巨大损失。世界最大虾生产国之一的巴西在 2016 年曾暴发虾白斑病，当年减产 30%以上，世界虾价格为此上涨超过 50%。从入境旅客行李中截获的冻虾如图 2-14 所示。

图 2-14　从入境旅客行李中截获的冻虾

（上海海关提供）

二、植物疫情疫病截获典型案例

案例 1　截获地中海实蝇（*Ceratitis capitata*）

案例介绍　2016 年 10 月 14 日，深圳海关检疫人员在旅客携带物品中截获多种水果，包括橙、苹果、牛油果、奇异果和无花果，共 4kg，其中无花果 0.45kg。旅客未主动申报且无法提供任何检疫审批文件，工作人员依法对物品作截留销毁处理。无花果是多种检疫性有害生物的重要寄主，工作人员对该批无花果进行封存，并送实验室作进一步检疫，截获 2 只“果蔬头号杀手”——地中海实蝇（*Ceratitis capitata*），如图 2-15 所示。

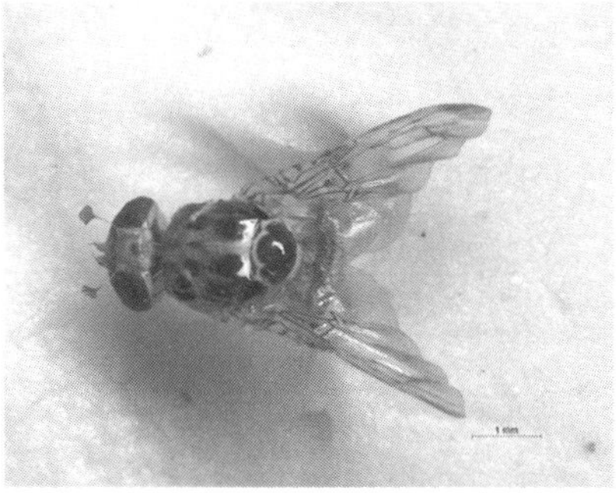

图 2-15　截获的地中海实蝇

（深圳海关提供）

案例分析　地中海实蝇是世界上公认的最具毁灭性的农业害虫，为害数百种水果和蔬菜，我国已将其列入《中华人民共和国进境植物检疫性有害生物名录》，该实蝇在我国尚未有分布。地中海实蝇繁殖力惊人，一头地中海实蝇雌虫经 3 代繁殖，仅需 60 天时间，就可达 215 亿头。地中海实蝇寄主广泛，可为害 200 多种水果和蔬菜，主要寄主植物为辣椒、柑橘属、咖啡属、榅桲、无花果、苹果、李属、日本李、番石榴和可可等，一旦传入我国，将会对我国的水果和蔬菜产业带来毁灭性破坏。

案例 2 截获酒椰象甲（*Leurostethus raphiae*）

案例介绍 2015 年 8 月 5 日，深圳海关检疫人员截获旅客携带入境的千眼菩提一批，总重量达 28. 5kg，菩提子表皮发生霉变，霉味很重，此外部分菩提子有明显的虫孔，存在较大的检疫风险。送实验室检测，在千眼菩提样品中检出了有害生物酒椰象甲（*Leurostethus raphiae*），为全国口岸首次截获酒椰象甲，如图 2-16 所示。

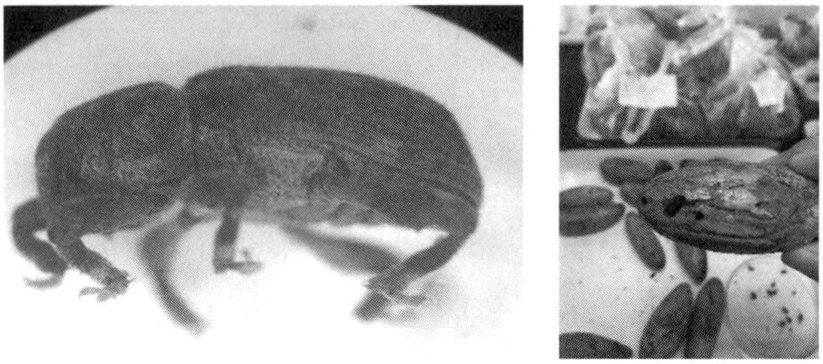

图 2-16 截获酒椰象甲

（深圳海关提供）

案例分析 酒椰象甲幼虫通常侵入坚硬的棕榈科果实内为害，而卵、蛹及成虫均在果实内生长发育，可通过果实的运输或旅客携带作远距离传播，造成寄主落果、加工装饰品受损以及一些潜在的危害，具有较高的检疫风险和破坏性。

案例 3 截获番荔枝实蝇（*Ceratitis anonae*）

案例介绍 2020 年 3 月 1 日，上海海关工作人员在对入境旅客实施行李物品查验时，查获芒果 1. 65kg、菠萝蜜 9. 30kg。海关工作人员现场对该批水果予以截留处置，送实验室检测，从该批截获的菠萝蜜中检出检疫性有害生物——番荔枝实蝇（*Ceratitis anonae*）。

案例分析 番荔枝实蝇是一种重要的外来入侵检疫性害虫，广泛寄生于热带水果当中，包括芒果、咖啡、热带扁桃、鳄梨、番石榴、番荔枝、草莓番石榴、樱桃等，可造成严重的水果减产。从入境旅客行李中截获的水果如图 2-17 所示。

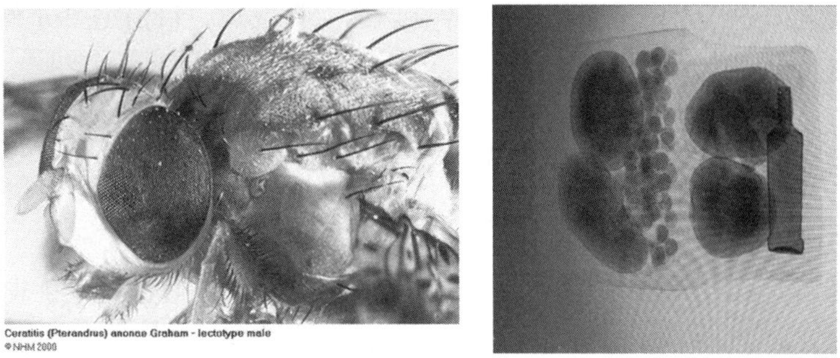

图 2-17　从入境旅客行李中截获的水果

（上海海关提供）

案例 4　截获澳洲番石榴蛾（*Coscinoptycha improbana*）

案例介绍　2017 年 9 月 25 日，上海海关检疫人员在对入境旅客实施行李物品查验时，查获柠檬 1.68kg。工作人员随即对该批水果予以截留处置，经实验室检测，从该批截获物品中检出检疫性有害生物澳洲番石榴蛾（拟）（*Coscinoptycha improbana*），为全国口岸首次截获。从入境旅客行李中截获的柠檬和动植物制品如图 2-18 所示。

图 2-18　从入境旅客行李中截获的柠檬和动植物制品

（上海海关提供）

案例分析　澳洲番石榴蛾主要寄生在果树作物上，其幼虫蛀食苹果、枣、山楂、桃、李、杏、海棠、山茱萸等果树。该蛾属于蛀果蛾科，蛀果蛾科可对葡萄花、果实产生危害，严重时果实被害率可达 50%，曾对我国新疆地区葡萄种植行业带来巨大危害。在我国部分山茱萸产区，蛀果蛾科为害率一度高达 85%，每年造成的产量损失超过 30%，给我国山茱萸产业带来巨大损失。该蛾最早于 1997 年在新西兰被发现，目前主要分布于大洋洲和美国夏威夷。

三、外来物种截获典型案例

案例 1 截获非洲大蜗牛（*Achatina fulica*）

案例介绍 2015 年 9 月 9 日，深圳海关检疫人员通过自主挑查，在罗湖口岸入境大厅从一家三口携带数件行李中截获非洲大蜗牛 2 箱。经技术中心鉴定，确认为非洲大蜗牛（*Achatina fulica*），如图 2-19 所示。

图 2-19 从口岸截获非洲大蜗牛

（深圳海关提供）

案例分析 非洲大蜗牛通常体长 7cm～8cm，最长为 20cm，体重可达 32g。贝壳狭窄、锥形，长宽比约为二比一。壳质稍厚，有光泽，呈长卵圆形。壳高 130mm，宽 54mm，螺层为 7～9 个，螺旋部呈圆锥形。体螺层膨大，其高度约为壳高的 3/4。壳顶尖，缝合线深。壳面为黄或深黄底色，带有焦褐色雾状花纹。对蔬菜危害极大，甚至能“食”水泥补充钙质。该物种是许多人畜寄生虫和病原菌的中间宿主，尤其能传播结核病和嗜酸性脑膜炎，人类食用该蜗牛危害极大，其已被列入中国首批外来入侵物种。

案例 2 截获美洲螯龙虾（*Homarus americanus*）

案例介绍 2020 年 1 月 23 日，福州海关在入境旅客行李中查获活龙虾 2 箱共 6 头，重 4 kg，从入境航班旅客行李中截获的美洲螯龙虾如图 2-

20 所示。

案例分析 美洲螯龙虾是最大型的龙虾并且寿命长，它喜欢在浅海中生存。美洲螯龙虾一旦在新的海域生活繁衍下来，易占用大量资源，一方面排斥土著生物，降低海洋生态系统生物多样性，另一方面会与亲缘关系接近的土著种杂交，导致遗传侵蚀。其在跨界过程中可能携带病原微生物，如造成甲壳类病害的桃拉综合征病毒、南美白斑综合征病毒和副溶血弧菌等病原微生物。另外，水体以及动物体表附着的浮游动植物的成体、孢子等在新栖息地繁殖，也会影响我国海洋生态系统。

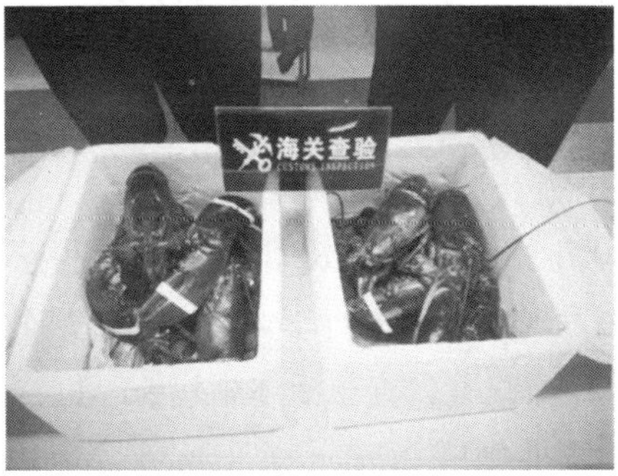

图 2-20 从入境航班旅客行李中截获的美洲螯龙虾

（福州海关提供）

案例 3 截获巴西大蓝蛛（*Pterinopelma sazimai*）

案例介绍 2020 年 12 月 17 日，深圳海关通过自主挑查，在蛇口邮轮中心旅检入境大厅从一名旅客携带物中截获活体蜘蛛 1 只。12 月 23 日，经深圳海关动植物检验检疫技术中心鉴定，确认为巴西大蓝蛛（*Pterinopelma sazimai*）。从入境旅客携带物中截获的巴西大蓝蛛如图 2-21 所示。

案例分析 巴西大蓝蛛原产于巴西“巴伊亚生态岛”内的沙帕达曼蒂纳的国家公园，体形较大，多毛，身体大部分呈蓝色，足展 13 cm~14 cm。身体颜色随着蜕皮次数逐渐加深，跟许多捕鸟蛛一样，雄蛛颜色不如雌蛛艳丽。巴西大蓝蛛被作为宠物饲养，由于当地环境破坏和人类的捕捉导致其种群变少，该种已被管制。

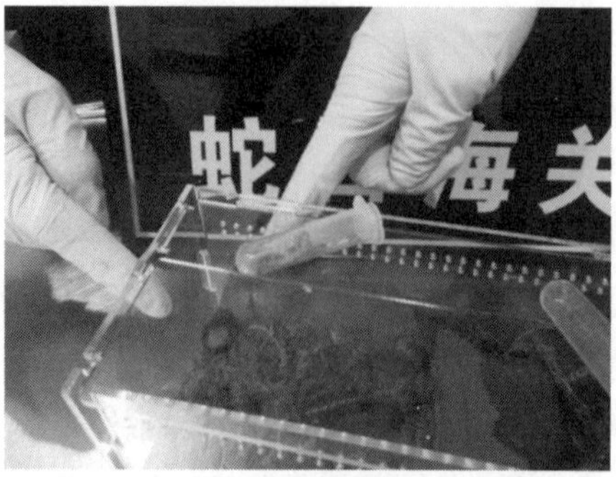

图 2-21　从入境旅客携带物中截获的巴西大蓝蛛

（深圳海关提供）

案例 4　截获安乐蜥（*Anolis carolinensis*）

案例介绍　2020 年 1 月 9 日，深圳海关在对行李物品进行过机查验时，从 X 光机图像中发现一名旅客行李内有大量盒装物，内装有疑似活体动物，现场关员立即开箱查验，查获活体蜥蜴 56 只，每只蜥蜴长约10 cm，色泽艳丽。经鉴定，该批蜥蜴为安乐蜥（*Anolis carolinensis*），如图 2-22 所示。

图 2-22　从旅客入境行李中截获的活体安乐蜥

（深圳海关提供）

案例分析　安乐蜥为大型树蜥，如同壁虎一样，趾宽大，爪尖锐，趾垫上有小钩，有利于其攀爬，甚至可在极其光滑的物体表面迅速爬行。安乐蜥体长 12 cm~45 cm，可变体色，由棕色或黄色变成几种深浅不同的绿色。雄性颈部常有红色或黄色大皱褶。本属中的绿安乐蜥，体长可达

18 cm,具粉红色垂肉（喉扇）。多数安乐蜥生活在美洲中部和南部的森林中，在没有天敌的情况下，安乐蜥会威胁本地物种，同时可能携带疫病。

案例 5 截获白凤头鹦鹉（*Cacatua alba*）等的鹦鹉蛋

案例介绍 2020 年 1 月 18 日，杭州海关对一名从温州龙湾国际机场入境旅客背包过 X 光机检查时，发现背包内显示椭圆形异常图像。经开包查验，发现有两个塑料盒子内用棉花包裹的疑似鹦鹉蛋 80 枚，蛋壳上均用记号笔做有标记，部分鹦鹉蛋已开始孵化。鉴于该名旅客存在较大走私嫌疑，现场关员克服语言障碍，立即制作查验笔录，固定视频、照片等证据材料，并第一时间向缉私部门提供走私案件线索，在做好检疫和安全风险防控措施的前提下，会同缉私部门将截获的鹦鹉蛋送华南动物物种环境损害司法鉴定中心进行鉴定。经鉴定，该批蛋均成功受精，可见孵化出的雏鸟或未孵化出的胚胎均具短而弯曲的喙，跗跖短，足呈对趾型，上述特征与鸟纲（Aves）鹦形目（Psittaciformes）雏鸟相符。相关人员进一步采用分子生物学方法对每个成功孵化的蛋壳内膜组织或坏死组织进行 DNA 序列对比，并最终确定该批截获的 80 枚蛋均为鹦鹉蛋，分别属于鹦鹉科（Psittaidae）、凤头鹦鹉科（Cacatuidae）和吸蜜鹦鹉科（Loriidae），共 12 种（属）鹦鹉，其中 11 种为外来物种。因出口、走私、猎杀、栖息地受破坏导致的巢穴不足等问题，上述 12 种（属）鹦鹉的野生种群数量不断下降，均被列入《濒危野生动植物种国际贸易公约》（CITES）附录Ⅰ或附录Ⅱ。从入境旅客背包中截获的鹦鹉蛋如图 2-23 所示。

图 2-23 从入境旅客背包中截获的鹦鹉蛋

（杭州海关提供）

案例分析　很多种类的鹦鹉在有些国家（地区）都是农林害鸟，繁殖力强，生存能力也不弱，很容易泛滥成灾。大部分种类的鹦鹉较容易繁殖，全年均可繁殖，能很快地适应新环境，如果逃逸野外或者被放生有可能变成入侵物种，破坏生态环境。另外，未经海关检验检疫的鹦鹉有可能携带特有病原，其本身不发病，若流入我国会危害我国的原生鸟类，打破国内的生态平衡，还可能将鹦鹉热、禽流感等疫病传入我国。

四、打击走私濒危动植物及其产品典型案例

案例 1　截获象牙制品

案例介绍　2014 年 4 月 25 日，上海浦东国际机场检疫人员在对重点航班旅客行李实施 X 光机查验时，发现一名旅客行李箱内有许多类似象牙制品的物体。工作人员随即进行了开箱查验，发现行李箱中装有大量象牙制品。经询问，工作人员得知该旅客准备前往浙江省义乌市批发小商品，顺便将象牙制品带至义乌销售。经过清点，该旅客共携带象牙挂件 212 件，象牙手镯 18 个，象牙烟嘴 5 个，总重量 1. 45kg。海关截获的象牙制品如图 2-24 所示。

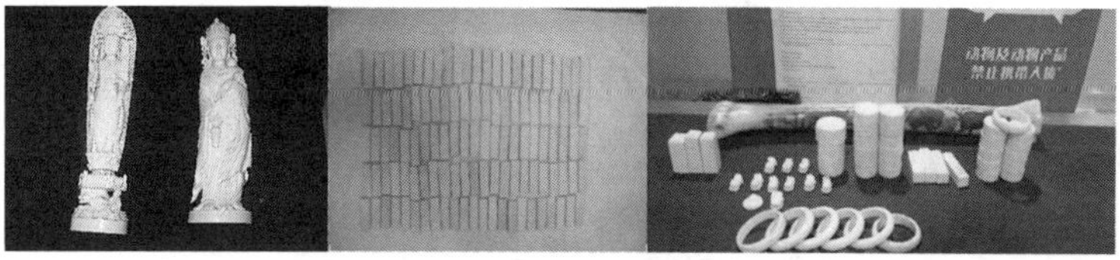

图 2-24　截获的象牙制品

（上海海关提供）

案例分析　象牙制品是《中华人民共和国进出境动植物检疫法》明确规定的禁止旅客携带入境的蹄骨角类产品。在我国，象牙制品作为首饰或者家具陈列品的历史由来已久，在商朝就已经出现了象牙制作的筷子和杯子。近年来，随着去非洲国家务工、旅游人员日益增多，国内正规渠道销售的象牙制品与非洲产象牙制品之间的巨大差价，导致以自用或走私获利为目的的中国旅客在回国时经常携带象牙制品，现场象牙制品的截获量呈现逐年上升的趋势。以往携带象牙制品入境的几乎是中国籍旅客，近年来非洲籍旅客携带象牙制品入境的现象也时有发生。

为保护野生濒危动物，中国作为《濒危野生动植物种国际贸易公约》

（CITES）缔约方，一直致力于打击野生动物非法贸易领域的国际合作。自CITES全球象牙贸易禁令生效后，偷猎象牙与走私象牙贸易活动愈演愈烈，因此中国严禁旅客携带象牙及其制品入境，努力为遏制全球野生动物非法贸易做出更大贡献。

案例2 截获二级濒危珍稀植物马来沉香（*Aquilaria malaccensis*）

案例介绍 2014年6月11日，杭州海关检疫人员从入境旅客随身携带行李中截获约3kg沉香木。该旅客称该批物品购于东南亚某国，此批沉香木均为等长长条形，宽窄不一，散发特殊香味，后经浙江省检验检疫科学技术研究院采用分子生物学方法鉴定为马来沉香（*Aquilaria malaccensis*）。截获的马来沉香如图2-25所示。

图2-25 截获的马来沉香

案例分析 马来沉香，属于瑞香科（Thymelaeaceae），沉香属（*Aquilaria*），属国家二级濒危珍稀植物，已被列入《濒危野生动植物种国际贸易公约》。根据《出入境人员携带物检疫管理办法》，旅客在携带濒危野生动植物及其产品入境时，应向检验检疫机构申报，同时提供《濒危物种允许进出口证明书》，并接受检疫。鉴于该旅客未能提供相关证明，且该批沉香木木质部分虫孔众多，具有携带多种害虫的风险，口岸执法部门已依法对该批沉香木实施截留处理。非法进口、出口或者以其他方式走私濒危野生动植物及其产品的属违法行为，情节严重者，可能被追究刑事责任。旅客应了解并自觉遵守国家对沉香等重点保护野生动植物管制规定，切勿违规携带此类物品进出境。

案例3 截获濒危动物暹罗鳄（*Crocodylus siamensis*）标本

案例介绍 2014年5月13日，杭州海关检疫人员从入境旅客随身携带行李中截获鳄鱼标本一只。该名中国籍旅客自东南亚某国出发，经中国香港短暂停留后由杭州入境。经浙江省检验检疫科学技术研究院技术人员鉴定，确认为《濒危野生动植物种国际贸易公约》附录Ⅰ的濒危物种之一——暹罗鳄（*Crocodylus siamensis*）。截获的暹罗鳄如图 2-26 所示。

案例分析 暹罗鳄，又名泰国鳄，为一种中型鳄鱼，主要分布于东南亚的加里曼丹岛、印度尼西亚、马来西亚、泰国及越南等国家（地区）。成年鳄鱼最长可达到 4m，常见的也有 3m。暹罗鳄皮革在国际上有很高的声誉，皮张越大，价值越高，其腺体、皮囊、胆和脂肪还可制成抗癌新药或加工成产品。目前，暹罗鳄除了柬埔寨有少量野外生存的群体外，在东南亚大多数国家（地区）的野生暹罗鳄几近灭绝。根据《中华人民共和国进出境动植物检疫法》《中华人民共和国禁止携带、寄递进境的动植物及其产品名录》等规定，动物标本是明确禁止携带、寄递入境的物品，其来源、品种及卫生状况不明，制作流程没有明确标准，无法进行有效监管，检疫风险难以评估，给我国的生态、农业等领域带来重大的安全隐患。同时，我国作为《生物多样性公约》履约方，禁止携带、邮寄动物标本入境，也是保护世界物种资源的有效手段。

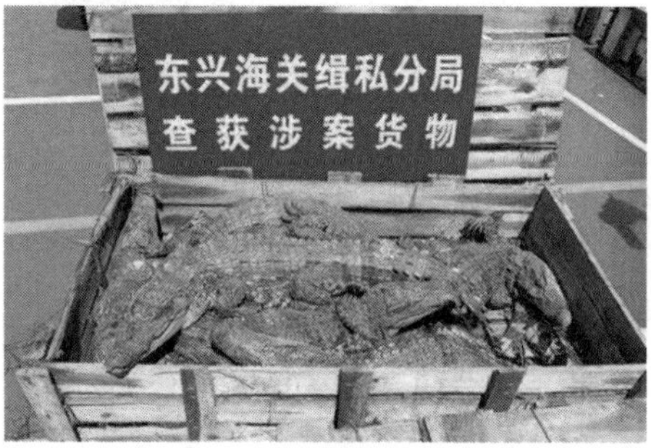

图 2-26 截获的暹罗鳄

（杭州海关提供）

拓展阅读 海关截留物都去哪儿了?

把生物安全纳入国家安全体系，是国家的重大决策部署，是生态文明建设的必然要求。出境回国时，什么东西都可以带回国吗？答案当然是否定的。根据 2021 年 10 月 20 日农业农村部、海关总署联合发布的第 470 号公告《中华人民共和国禁止携带、寄递进境的动植物及其产品和其他检疫物名录》（以下简称《名录》），共有三大类十七个条目的物品不得携带入境。非法携带《名录》内的物品进境，除物品被截留外，还可能面临行政处罚，情节严重的，将追究刑事责任。那么，海关是如何处理截留物的？

海关依据截留物的种类及当事人违法行为性质的不同，采取不同的后续处置措施，包括截留并销毁处理、截留并限期退回处理、截留并检疫合格后放行处理等。对于截留并销毁处理的物品，海关秉承高效、无害化的处理原则，除一部分送实验室检测后进行无害化处理外，其余均送专门的无害化处理机构实施焚烧处理。实验室对香蕉实施检疫如图 2–27 所示。

图 2–27　实验室对香蕉实施检疫并检出新菠萝灰粉蚧

第五节 出入境人员携带物国门生物安全风险及应对举措

一、出入境人员携带物的国门生物安全风险

（一）检疫风险

旅客携带物存在数量少、品种多、来源地广、易藏匿、易漏检，外来生物传入难以追溯的特点。近年来，随着我国口岸通航国家（地区）的不断增加，尤其是一部分中转入境的旅客的增加，旅客携带物来源地遍及全球。日益增加的入境人数导致全球各地的有害生物通过旅客携带途径进入

我国的风险逐渐加大。相比于货物贸易方式进境，从入境人员携带物渠道输入的进境动植物产品大多处于不受控状态，它们具有共同的特点：几乎未事先办理任何检疫审批手续；入境时，旅客往往不主动进行申报，导致执法机关无法及时施以有效的检疫除害措施；入境后，若不及时予以截留，执法机关无法实施监管，导致有害生物肆意扩散，极有可能接触适生寄主导致其在我国定殖。上述情况导致来自疫区的进境携带检疫性有害生物入境的风险大大增加，对我国的农业及生物安全极具危害。

近年来，出入境旅客数量逐年上升，禁止进境物的截获数量也快速增长，出入境旅客携带物传播外来动物疫病和植物有害生物的风险很高。做好出入境人员携带物检疫查验工作，对于保护国门生物安全具有深远而重要的意义。

（二）执法风险

1. 旅客守法意识有待加强

在现场执法过程中，大部分旅客缺乏主动申报的意识及主动放弃禁止进境物的意愿。一方面，旅客对法律的了解程度及敬畏程度尚未达到主动遵守的层面；另一方面，与国外发达国家相比，我国的处罚力度不够严厉，也造成了公众对于相关法律法规的认知程度不够。近年来，随着我国国门生物安全宣传活动的广泛开展，公众对于法律法规的认识程度有了显著的提高，盲目携带禁止名录内物品进境的行为有了一定程度的减少。

2. “代购”“水客”频繁出现

随着“代购”“水客”的出现，通过旅客行李渠道携带禁止进境的动植物产品入境的行为出现上升趋势。这些不法分子携带的动植物产品多为利润高、需求量大的物品，如日本牛肉，西班牙火腿、冰鲜的海鲜等。部分违法分子铤而走险、以身试法，给现场执法带来了很大的压力。

3. 违法逃逸、暴力闯关时有发生

通常情况下，旅客在被查发携带禁止进境物品后，通过工作人员严肃的执法态度及耐心的普法讲解，能配合工作人员进行信息登记，并配合工作人员对禁止进境物品进行截留。但是，当遇到部分高价值的禁止进境物品，如干制的海参、燕窝、鱼胶等产品时，个别旅客会表现出不配合、不接受的态度，甚至出现违法逃逸的情况。

2013 年 5 月，上海浦东国际机场检疫人员连续处置了两起入境船员非

法携带入境水生动物产品，且拒不配合查验，试图暴力闯关的事件。5月下旬，一位旅客因为舍不得宠物狗被隔离，在出关后强行闯入旅客到达禁区，试图讨回需进行集中隔离的宠物，由于其行为已构成扰乱公共场所秩序，且情节较严重，根据《中华人民共和国治安管理处罚法》，被公安机关行政拘留5天。

二、出入境人员携带物检疫风险应对举措

（一）检疫物分类管理

1. 对高风险物品实施审批制度，要求等同贸易渠道进口

为了防止高风险货物通过携带物渠道入境，携带此类物品入境的，需实施等同于贸易渠道进口的检疫手续，包括审批单、官方检疫证书及其他贸易单证、证明文件。

对于携带濒危野生动植物及其产品出入境或者携带国家重点保护的野生动植物及其产品出境的，应当在《中华人民共和国濒危野生动植物进出口管理条例》规定的指定口岸出入境，携带人应当向海关提供进出口证明书。海关对进出口证明书电子数据进行系统自动比对验核。

2. 大型赛事活动及展览用物品

对于大型活动（国际会议、体育比赛等）携带动植物、动植物产品及其他检疫物的情况，由组织者或国内接待单位同海关联系，了解海关规定，并按规定办理海关检疫手续。检疫物一般可在现场验货登记，随后由海关关员到活动中心及驻地实施集中统一检疫监管。

（二）信息化全流程监管

1. 利用携带物管理系统促进监管科学化

旅检现场查验工作量大、截获的禁止进境物种类多、从截获到检疫处理涉及多个环节，为了规范对截获的禁止进境物的管理，2010年，上海空港口岸对我国旅客携带物检疫工作的口岸信息化进行研究，成功开发了旅客携带物综合管理平台，并于2011年6月投入使用。该平台的投入使用，使旅检携带物查验做到了进出留痕、规范有序，促进了执法工作的严谨性和科学性，弥补了旅检口岸出入境旅客携带物信息化工作方面的不足。该系统在打破传统习惯、破旧立新等方面起到了良好的示范作用，为科学地

制定旅客携带物检疫措施提供决策支持，为旅客携带物检疫信息的网络化管理提供高效工具，促使携带物管理工作上了新的台阶。

2018 年关检融合以后，旅客携带物检疫工作被纳入了海关新旅通系统，出入境人员截留物品的信息登记、查验结果、入库、出库、后续处置环节都得到进一步规范和管理。新系统解决了原旅客携带物管理系统中旅客护照信息必须手动输入、无法直接读取的的问题以及缺乏统计汇总功能等问题。随着该系统功能的日益完善，出入境人员携带物检疫工作在信息化手段的辅助下得到了更好的规范管理。

2. 利用视频监控设备提升监管严谨性

为规范出入境人员携带物查验工作，各口岸陆续启用了执法记录仪。与原先配备在各查验区域的视频监控设备相比，执法记录仪对于执法过程中执法人员与相对人的对话、行为的记录更为清晰，调取记录时也更为方便快捷。视频监控设备的使用，对执法人员的行为既是一种约束，也是一种保护。当发生执法纠纷时，视频监控记录可以作为有效的佐证材料，还原事实真相。这对提高现场查验工作质量、防范廉政风险，也起到了有效的作用。

（三）积极开展行政处罚

随着国际交流交往加深，旅客携带物重大违法案件频发，检疫风险增大，仅靠没收违禁物品以及对携带者进行警告教育已经无法起到威慑作用。通过行政处罚来遏制偷运、震慑走私是国际上普遍采用的一种有效做法。然而，行政处罚由于流程长、执法机关缺乏强制手段等原因，导致旅客不配合，存在罚款事后收缴难等问题。

针对近年来在旅客携带物中重大案件频发、无有效处罚手段、行政处罚开展困难的情况，上海海关率先在现场创新性地实施了行政处罚一般程序快速化处理。对于情况简单、事实清楚、证据确凿的案件，结合空港口岸携带物查验工作实际，使行政处罚一般程序快速化。上海海关采取了前期准备预案、制定标准化规程及模板化文案的方式，同时改后置审批为现场审批，解决了行政处罚一般程序时间流程较长、罚款收缴困难的问题。现场快速行政处罚程序解决了多年来空港现场无法进行行政处罚一般程序的问题，解决了空港口岸携带物查验工作中有法则无罚则的问题，开启了旅检现场实施行政处罚一般程序的先河，在全国旅检口岸范围内起到了良好的示范作用，有效打击了违法携带物偷运，震慑了走私者，实施数年来，在严厉的处罚下偷运违法携带物的案件数量持续下降，取得了良好的实践效果。

（四）审慎运用自由裁量权

在现行的《出入境人员携带物检疫管理办法》中，规定各口岸查验部门可以对禁止入境的携带物作出退运或销毁两种处理决定，具有一定的自由裁量空间。但是并没有对自由裁量的标准进行界定，导致执法争议出现。

2013 年 12 月 12 日，当事人从境外乘飞机抵达上海，提着若干纸箱经海关无申报通道出关时，被拦下要求行李过 X 光机查验，海关工作人员发现图像异常，但当事人坚持声称行李内为个人衣物，工作人员遂实施开箱查验，当场检出 36 kg 鱼胶和 0. 6 kg 海参。

根据《中华人民共和国进出境动植物检疫法》第二十九条第一款、《中华人民共和国禁止携带、寄递进境的动植物及其产品和其他检疫物名录》（下称《名录》）、《出入境人员携带物检疫管理办法》规定，当事人携带的鱼胶、海参属于禁止携带进境物，依据相关法律规定应当予以截留销毁。随后，执法人员向当事人开具了《出入境人员携带物留验/处理凭证》（下称《处理凭证》）。2013 年 12 月 16 日，该批禁止携带进境物被送往指定销毁场作销毁处理。

事后，当事人对于价值 6 万多的高价值物品被截留并予以销毁感到非常心痛。她查阅了相关法律，认为当初自己曾提出把东西退回的要求遭到拒绝并不合理。2014 年 3 月 11 日，当事人向浦东法院提起行政诉讼，请求撤销机场局开具的《处理凭证》，并赔偿经济损失 6. 74 万元。这是当时的上海旅检口岸首次因截留处理携带禁止入境物而引发的行政诉讼。机场检疫部门作为行政行为实施主体，依据相关的法律法规及规章，根据物品性质、检疫风险高低、现实状况，对这批物品予以截留并销毁，合法合理。作出的行政行为认定事实清楚、适用法律正确，因此，请求法院驳回原告全部的诉讼请求。最终，法官认为，当事人携带的鱼胶及海参入境的行为违反了法律规定，而执法机构根据物品性质、风险高低、现实状态，对携带的属于《名录》所列各物，具有作出退回或者销毁的自由裁量权，且法律并未规定退回与销毁的优先等级，此次诉讼中作出的“禁止入境，销毁”的具体行政行为，符合法律规定。因此，原告据此主张要求撤销被告作出的《处理凭证》的诉讼请求缺乏事实证据和法律依据，法院不予支持。另外根据《中华人民共和国进出境动植物检疫法实施条例》第六十五条规定，当事人诉求的赔偿不成立。

当事人及其引发的诉讼事件有着必然的时代背景。近年来，随着中国与国际贸易往来频繁，空港口岸出入境的航班与人员呈井喷式增长，人员背景复杂，来源地广，携带的物品更是五花八门。旅检现场违禁物品截获的情形中有确实不懂法的当事人，也有不少像前述当事人这样因巨额利润驱动而明知故犯，藐视法律，心存侥幸的。这些违禁物可能是各类疫病疫情、有害生物寄宿物品，具有很高的检疫风险，极易造成传染病的传播和外来物种的入侵，对生命健康、生态环境以及社会经济都会造成严重的破坏。口岸旅客携带物检疫工作作为第一道防线面临着巨大的挑战和考验。被列入《中华人民共和国禁止携带、寄递进境的动植物及其产品名录》的产品经过风险评估，本身就是检疫风险性高的物品。因此严格把守国门，对截获的违禁物综合考量判定后，作出是否限期退回或销毁处理的处置意见，这符合立法的本意，从根本上捍卫了国家和广大人民群众的利益。

拓展阅读　违反国门生物安全相关法律法规该如何处罚？

一、非法引进外来物种相关处罚

《中华人民共和国生物安全法》第六十条规定，任何单位和个人未经批准，不得擅自引进、释放或者丢弃外来物种。

《中华人民共和国刑法》第三百四十四条之一规定，违反国家规定，非法引进、释放或者丢弃外来入侵物种，情节严重的，处三年以下有期徒刑或者拘役，并处或者单处罚金。

根据《中华人民共和国刑法》《中华人民共和国海关法》以及《最高人民法院、最高人民检察院关于办理走私刑事案件适用法律若干问题的解释》的相关规定，逃避海关监管，非法携带、运输、邮寄珍贵动物、珍贵动物制品进出国（边）境的行为，构成走私珍贵动物、珍贵动物制品罪。

根据《中华人民共和国刑法》规定，走私国家禁止进出口的珍贵动物及其制品的，处五年以上十年以下有期徒刑，并处罚金；情节特别严重的，处十年以上有期徒刑或者无期徒刑，并处没收财产；情节较轻的，处

5年以下有期徒刑，并处罚金。

《中华人民共和国野生动物保护法》第四十一条规定，任何组织和个人将野生动物放生至野外环境，应当选择适合放生地野外生存的当地物种，不得干扰当地居民的正常生活、生产，避免对生态系统造成危害。随意放生野生动物，造成他人人身、财产损害或者危害生态系统的，依法承担法律责任。

《中华人民共和国野生动物保护法》第五十八条规定，违反本法第四十条第一款规定，从境外引进野生动物物种的，由县级以上人民政府野生动物保护主管部门没收所引进的野生动物，并处五万元以上五十万元以下罚款；未依法实施进境检疫的，依照《中华人民共和国进出境动植物检疫法》的规定处罚；构成犯罪的，依法追究刑事责任。

二、违反动植物检疫相关处罚

《中华人民共和国进出境动植物检疫法》第三十九条规定，未经口岸动植物检疫机关许可擅自将进境动植物、动植物产品或者其他检疫物卸离运输工具或者运递的，由口岸动植物检疫机关处以罚款。第四十二条规定，引起重大动植物疫情的，依照刑法有关规定追究刑事责任。

《中华人民共和国进出境动植物检疫法实施条例》第六十条规定，未经口岸动植物检疫机关许可擅自将进境、过境动植物、动植物产品和其他检疫物卸离运输工具或者运递的，由口岸动植物检疫机关处3000元以上3万元以下的罚款。第六十二条规定，引起重大动植物疫情的，依法追究刑事责任；尚不构成犯罪或者犯罪情节显著轻微依法不需要判处刑罚的，由口岸动植物检疫机关处2万元以上5万元以下的罚款。

《中华人民共和国刑法》第三百三十七条规定：违反有关动植物防疫、检疫的国家规定，引起重大动植物疫情的，或者有引起重大动植物疫情危险，情节严重的，处三年以下有期徒刑或者拘役，并处或者单处罚金。

单位犯前款罪的，对单位判处罚金，并对其直接负责的主管人员和其他直接责任人员，依照前款的规定处罚。

第三章
进出境邮寄物动植物检疫

CHAPTER 3

国门生物安全的主要威胁来自人类活动，人类活动加速了有害生物的跨境传播。随着全球经济贸易的迅速发展，物流技术的提高和国际间邮寄物往来的日趋频繁，境外一些有害生物和入侵物种随着这些邮寄物传入境内的概率越来越高，对世界各国（地区）的农林业生产、人民身体健康以及生态平衡和生物多样性带来了严重的潜在威胁。

第一节 进出境邮寄物动植物检疫概述

所谓进出境邮寄物是指通过国家（地区）邮政运递渠道，以各种运输方式进出境的物品。在这些邮寄物中，除食品、日用品外，还不乏一些我国明令禁止邮寄入境的检疫类物品，如活体植物、新鲜水果蔬菜、活体动物，以及其他法律、法规及国际条约规定需要实施检疫的物品等。

进出境邮寄物检疫是指对通过国际邮递渠道进出境动植物、动植物产品和其他物品实施的动植物检疫。目前，通过邮寄渠道入境的动植物及其产品几乎没有经过任何检疫处理，也没有输出国（地区）官方的检疫证书，且具有批次多、来源广，可携带潜在有害生物风险高等特点，一旦入境，将严重威胁一个国家（地区）的生态安全和农林牧渔生产安全。因此，当前许多国家（地区）通常根据自身的生物安全情况，对出入境邮寄物实施严格的检疫，并制定了相关的法律法规和政策来规范检疫流程、方法及检疫对象等，以维护和保障自身安全与利益。

一、我国进出境邮寄物检疫相关法律法规

我国进出境邮寄物检疫相关法律法规体系形成于 20 世纪 90 年代。1992 年，《中华人民共和国进出境动植物检疫法》正式施行，其目的是防止动物传染病、寄生虫病和植物危险性病、虫、杂草以及其他有害生物传入、传出国境，保护农、林、牧、渔业生产安全和人体健康，促进对外经济贸易的发展。该法的第五章第三十二条相关规定为现阶段指导邮寄物检

疫口岸动植物检疫执法的主要法律条款。

1997 年，《中华人民共和国进出境动植物检疫法实施条例》正式施行，该条例第四十四条规定，邮寄进境的动植物、动植物产品和其他检疫物，由口岸动植物检疫机关在国际互换局（含国家邮件快递公司及其他经营国际邮件的单位，简称邮局）实施检疫。目前，该条款为邮寄物检疫口岸动植物检疫执法的主要行政法规。

2001 年，国家质量监督检验检疫总局会同国家邮政局联合发布了《进出境邮寄物检疫管理办法》。

2012 年，国家质量监督检验检疫总局会同农业部联合修订发布了《中华人民共和国禁止携带、邮寄进境的动植物及其产品名录》，该名录列出了具体的禁止邮寄入境的检疫类物品名录，包括动物及动物产品，植物及植物产品和其他检疫物三大类。该名录细化了禁止邮寄的种类和范围，使邮寄物检疫工作更加全面、科学和更具操作性。

2021 年 4 月 15 日，《中华人民共和国生物安全法》正式实施，该法提出了“国家加强对外来物种入侵的防范和应对，保护生物多样性”。国门生物安全是国家生物安全的第一道防线，也是国家安全的重要组成部分。就动植物检疫工作来说，《中华人民共和国生物安全法》明确了动植物疫情疫病以及外来物种入侵等具体风险防范和应对制度，对海关进出境邮寄物检疫工作也具有重要的指导意义。

2021 年 10 月 20 日，根据《中华人民共和国生物安全法》等法律法规，农业农村部、海关总署对原《中华人民共和国禁止携带、邮寄进境的动植物及其产品名录》重新修订，共同发布了《中华人民共和国禁止携带、寄递进境的动植物及其产品和其他检疫物名录》（农业农村部、海关总署公告第 470 号），增加“防范外来物种入侵”作为该名录制定的重要目的之一，同时明确提出农业农村部和海关总署将在风险评估的基础上，对该名录实施动态调整。

综上所述，随着国际间邮寄物交流日益频繁，在全球动植物疫情疫病十分严峻的形势下，做好邮寄物检疫口岸的动植物检疫工作是保障我国生态安全和农林牧渔生产安全的必要措施。法律法规作为动植物检疫的执法依据，具体指导着全国海关动植物检疫执法，在边境构筑起一道绿色长城，将植物有害生物和入侵物种挡在国门之外，确保社会经济和生态环境的健康可持续发展。

二、主要国家（地区）邮寄物检疫监管概况

对国际邮件实施检疫是国际通行做法，是各国家（地区）普遍实行的一项主权行为。为了促进和改善国际邮政业务，并向成员提供可能的邮政技术援助，国际上成立了万国邮政联盟（Universal Postal Union，UPU）。世界上主要发达国家（地区）也对进境邮寄物和快件实施了严格的检疫。

（一）美国邮寄物检疫风险管理

《美国联邦法律法规》（Code of Federal Regulation，CFR）第 7 部分农业中的第 351 章对邮寄进口植物进行了规定，其中重点提到了美国农业部（USDA）和美国国土安全部（DHS）对进境包裹的处理办法和邮寄包裹的程序，并对邮寄物一般许可的申请流程、条件以及有效期等作出了具体规定。

根据植物保护法令（7 U. S. C. 7701—7772）授权的范围，由美国动植物检疫局（APHIS）公开发布的各种命令和法规等，规定了一些植物、植物产品和土壤禁止或限制进入美国。为了加强上述的命令、检疫和法规的实施，APHIS 下属的植物保护与检疫处和美国的海关、邮政等部门制定了关于禁止和限制进口的条款，来确保对进口植物和植物产品实施密切的检疫查验。

美国的入境检疫查验由美国海关及边境保护局（CBP）负责，美国植物保护法规定，在未证明其符合 USDA 为防止植物有害生物传入或在洲际间扩散而颁布的法规之前，不得邮寄任何含有植物有害生物的信件、邮件、箱盒或其他包裹，并且不能故意通过邮政方式从任何邮局或邮递员手里投递。

2001 年 9 月 11 日后，美国加强了对进出境邮寄物的检疫工作，所有国际邮件均需接受检查。USDA 在邮件分拣现场设立办公室，派 2~3 名检疫官员执行邮件检疫和处理任务。

针对不同类型的邮寄物，美国具有详细的规定，例如，具有繁殖能力的植物和植物种子、新鲜水果和蔬菜都不得邮寄入境，唯一例外的是对于一些小批量的种子，具有 USDA 颁发的小批量种子许可证（SLOS）即可进入美国，无须出具植物检疫证书。此外，含有植物和植物产品的邮寄物在

邮寄前需进行个人申报，若出现未在包裹外面明确标明含有规定的限定物的情况，可处 100 美元罚款。

（二）澳大利亚和新西兰邮寄物检疫风险管理

位于南半球的澳大利亚和新西兰因为独特的地理位置和相对封闭的岛国特性，是世界上生物多样性丰富，农畜牧业非常发达的两个国家，非常重视进出境检疫工作，也是全球公认的检验检疫措施非常严格的国家。

澳大利亚农业、渔业和林业部（AGDAFF）和新西兰初级产业部（MAF）统一负责管理本国检疫工作。两国均规定不能邮寄违禁食品、植物材料、动物制品。在邮件上清楚并正确填写申报标签，确保逐一填写包裹内容，包括所使用的包装材料。进境可疑邮件将接受 X 光机、监管工作犬和专业人员的检查，大部分含有动植物产品的邮件可通过这种方式检查出来；同时在现场设置了邮件检查室，专业人员对查到的可疑邮件进行现场开包检查。

为了便于对问题邮件检疫情况的追踪管理和各项有害物信息的记录备份，澳大利亚和新西兰均非常注重信息化的应用，把处理过的邮件信息储存到计算机，信息内容包括邮件或信件收件人、地址、联系方式、邮件来自国家（地区）、物品的名称、扣留邮件的原因、通知收件人的时间、最后的处理结果等。最后，检查中心通过统计分析列出了预警的寄件人、邮件寄出国家和地区及易夹带违禁物品的邮件信息，极大地提高邮寄物检疫效率。

在对禁止进境物的处理方式上，澳大利亚和新西兰有 3 种处理方法，即处理（如烟熏、辐射）、退运、销毁。选择何种处理方式，视截获物的具体情况而定，但是收件人需要支付这些服务和处理（除销毁物品外）费用，若违反了两国的相关法律，当事人最高可能被处以 60000 澳元的罚款和 10 年监禁。

（三）加拿大邮寄物检疫风险管理

加拿大对所有进境邮寄物进行检疫检查的部门是加拿大边境服务局（Canada Border Service Agency，CBSA）。

针对进境邮寄物，由加拿大邮政部门向 CBSA 提供进境邮寄物内容的类型清单，邮寄方根据该清单对邮寄物品的实际情况进行如实申报；CBSA

对邮件进行初步检查，大多数的包裹和信件经初步清查后放行；若 CBSA 怀疑邮件中可能携带外来有害生物，将提交其他相关行政部门（如加拿大卫生局等）查验；有风险的邮件会强制扣押。

（四）欧盟邮寄物检疫风险管理

欧盟的检疫审批法及欧盟理事会法规第 2002/99/EC 号指令等均对邮寄进口的植物和禁止进境物有严格的规定，但各国家（地区）的要求在符合欧盟总体规定的情况下各有差异，例如大多数欧盟成员均表明植物及其产品在无植物检疫证书时禁止邮寄，仅立陶宛在针对邮寄物的相关规定中指出蔬菜及花卉种子（不包括豆科种子）邮寄时不需要植物检疫证书，但对含有植物源性货物的邮寄物品进行检查时，只有在植物检疫机构官员在场的情况下方可进行海关查验；在植物检验检疫完成后，应在邮寄物品上加有“立陶宛”字样及三角形印戳。

（五）日本邮寄物检疫风险管理

自 2007 年 7 月起，所有进入日本境内的人都要向海关提交“携带、邮寄物品申报书”，申报物品包括：植物、动物、列入《濒危野生动植物种国际贸易公约》的物种以及化妆品药品等。其中植物包括水果、切花、蔬菜、水稻等及根上所带的土壤；动物包括生肉、肉干、火腿、香肠等。根据《濒危野生动植物种国际贸易公约》，野生动植物及以其为原材料加工成的皮毛、剥制标本、中药等也是检疫对象。

日本《植物保护法》第 8 条第 4、第 5、第 6 款规定，从事海关放行的邮局的职责是，在收到小包裹、邮寄包裹或怀疑含有植物或禁止进境物时，应立即向农林水产省的植物保护站申报；植物检疫官员在得到申报信息后，对小包裹和邮寄包裹进行检验，如有必要，在邮局工作人员在场的情况下，对邮件进行开包检验；任何人收到含有植物的小包裹和邮寄包裹，未经过检疫的，应携带有关邮件，立即向农林水产省的植物保护站申报，接受植物检疫官员的查验。此外，日本《家畜传染病预防法》对进境的邮寄包裹也作出了相似的规定。

日本《植物保护法实施条例》第 15 条第 1 款规定，通过邮件寄递的用于繁殖的相关植物暂缓进行转运和接收，检疫官员需书面通知邮件收件人，同时询问是否有可能在一个确定的时期内进行隔离种植，并就隔离种植的地点及其管理的负责人问题进行询问。植物检疫官员可按照法律法规，对邮递进境的繁殖用植物进行消毒或销毁。

日本对邮寄动植物及其产品也要实施严格的检疫，所以，植物防疫所在东京等14个国际通关邮局设有工作点，定期开展邮寄物品的动植物检疫工作。日本的检疫法律也授予了日本动植物检疫官员相关权力，动植物检疫官员在现场就能作出检疫处理决定。

（六）中国台湾地区邮寄物检疫风险管理

依据中国台湾地区相关规定，植物、植物产品、土壤经邮寄输入者，收件人须依中国台湾地区相关规定，事先至中国台湾地区相关机构“邮件与旅客检疫案件操作系统”申请邮寄入境许可，并于邮件入境时向相关机构申请检疫并缴纳检疫费。

邮件包装上应附明显标识，经检疫合格发给检疫证明予以放行，如经检疫人员检疫，证明有有害生物存在，由植物检疫机关通知收件人或其代理人，限期将此邮件进行消毒、销毁或退运。

若收件人收到无检疫合格证明文件的进境邮件时，也应主动向相关机构申请检疫，否则将面临新台币3万元以上15万元以下罚款。

（七）中国香港地区邮寄物检疫风险管理

根据中国香港特别行政区政府及香港海关发布的禁运/受管制物品清单，中国香港地区对动植物及其产品、濒危物种等物品的进出口实施管理。邮寄上述物品至中国香港地区必须先获得当局签发的有效许可证或书面准许，方能清关入境，如没有办理相关手续，可遭检控，而有关物品会被检取并充公。

综上所述，通过学习借鉴这些国家（地区）的出入境邮寄物检疫风险管理方法，可以制定适合我国国情的相关法律法规和政策来规范检疫程序、方法、检疫对象以及做好大数据风险分析等，进一步提高我国进出境邮寄物监管能力，防止外来有害生物和入侵物种通过跨境寄递邮件传播扩散。

拓展阅读

什么是万国邮联?

万国邮政联盟，简称“万国邮联”或“邮联”，是商定国际邮政事务的国际组织，其目的在于简化手续，降低邮资，发展国际邮政协作关系。

万国邮联的历史要追溯到19世纪中期，随着世界各国家（地区）文化与商业的发展，国际合作交流日益频繁，信息交换日益增多，仅限于一个地区、一个国家的邮政网络已经不适应经济发展和社会进步的要求。虽然当时各国家（地区）之间根据双边国际协定进行国际邮件交换，但缺乏必要的规范和约束，资费千差万别，计价货币种类繁多，重量单位与级别各不相同，使业务工作复杂化，遇到矛盾和问题难以协调解决，阻碍国际邮政业务的发展。因此，迫切需要建立邮政的国际联合与合作组织。

1840年，英国建立了一套面向公众、统一收费的信函传递系统，并发行了世界上第一枚邮票——黑便士，开始发展现代意义上的公共邮政事业。当时，国际间的信函交换系统仍然混乱不一，与各国（地区）贸易往来的飞速发展不相适应，人们迫切希望能够建立一套简单方便的国际邮件交换系统，以保证邮件不受国界等因素的限制而自由流通，邮联便应运而生。1874年9月15日至10月9日，德国、法国、英国、罗马尼亚、瑞士、美国等22个国家（地区）的代表在瑞士伯尔尼举行全权代表大会，签署了第一个国际性的邮政公约，即《伯尔尼条约》，成立邮政总联盟。1878年5月，由于加盟国家（地区）迅速增加，“邮政总联盟”正式更名为“万国邮政联盟”，邮政总联盟在巴黎举行第二届代表大会，修订了《伯尔尼条约》，改名为《万国邮政公约》。每年的10月9日被定为“世界邮政日”。

万国邮联自1978年7月1日起成为联合国一个关于国际邮政事务的专门机构，总部设在瑞士首都伯尔尼。1972年4月，万国邮政联盟承认中华人民共和国为该组织的唯一合法代表后，中国与该组织关系恢复正常。1997年5月9日，中华人民共和国全国人民代表大会常务委员会批准了《万国邮政联盟组织法第五附加议定书》。

2019年11月26日至27日，万国邮联电子商务时代跨境合作全球大会在厦门举行，大会发布了万国邮联在跨境电子商务领域达成的一项重要的全球性共识——《厦门倡议》，呼吁邮政、海关、航空和铁路等各利益相关方在跨境电子商务领域通力合作。

第二节
进出境邮寄物动植物检疫监管

一、进境邮寄物检疫监管流程

随着国际物流行业进入黄金发展期，邮寄物检疫工作的风险不断攀升。目前，世界主要发达国家（地区）都对进境的国际邮件采取了严格的检疫措施，目的是防止外来物种、传染病、寄生虫病、危险性病虫杂草及其他有害生物通过国际邮递渠道传入，进而保护本地农、林、牧、渔业生产安全和人民健康。

近年来，我国进境邮寄物检疫截获物数量一直呈显著上升趋势，而且进境邮寄物涉及的有害生物种类多、检疫难度大、潜在风险高。2020 年 11 月 23 日，深圳海关所属深圳邮局海关在进境邮件中查获含罂粟种子和豚草的蜡烛一批，申报品名为“礼物”，实际为红色、绿色、黑色、黄色 4 种颜色的蜡烛 313 支，共 18. 6kg，蜡烛中疑似包裹植株及种子。经实验室检测，20 支红色蜡烛中含有罂粟种子；88 支绿色蜡烛中含有检疫性有害生物豚草种子，如图 3-1 所示。

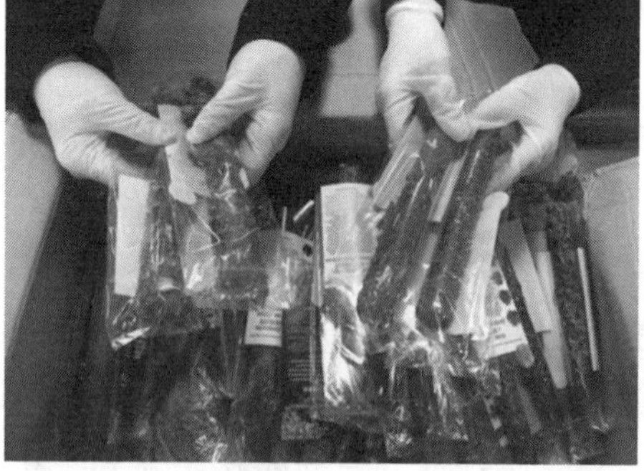

图 3-1　深圳邮局海关查获含罂粟种子及豚草种子的蜡烛 108 支

2020 年 4 月，上海邮局海关关员从申报品名为“牙科耗材”的进境邮件中查获406只活体收获蚁，如图3-2所示。

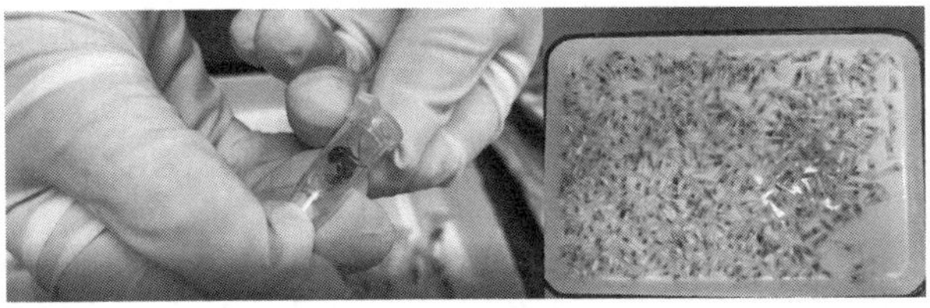

图3-2 上海邮局海关查获收获蚁406只

2016年9月，成都海关驻邮局办事处通过机检发现其中一个邮件的图像呈现3条圈状物体，开包后发现为3条蟒蛇，经技术中心鉴定为球蟒，属《濒危野生动植物种国际贸易公约》附录Ⅱ中所列的保护动物。查获的球蟒如图3-3所示。

图3-3 成都海关驻邮局办事处查获的球蟒

以上这些经邮寄进境的外来有害生物和外来物种，其来源和卫生状况不明，检疫风险难以评估，其体内可能携带未知病菌，如果逃逸到野外，将对我国的生态环境带来极大风险，甚至影响我国人民的健康安全。由此可见，进出境邮寄物是外来有害生物传播的重要渠道，邮寄物批次多、单量小、来源广、流向复杂，通关过程中申报品名不规范、不完整，夹带防控难度大，给国门生物安全防控工作带来极大风险和挑战。为此，全国海关对进出境邮寄物的查验模式和工作方法不断进行摸索创新，建立并不断完善“审单+人—机—犬”的邮件查验模式，加强风险分析和分类管理能力，以提升查验效率。

（一）审单查验

2020年1月1日，全国海关邮递物品管理子系统全面上线，邮递物品管理子系统是整合各项邮递业务，建立集中数据库，实现全国海关联网监管和信息共享，统一作业标准与流程，统一执法尺度，提高整体管理水平的作业平台。

系统上线后，邮件到达监管现场由邮政工作人员根据邮件详情单上的内容（邮件号、国别、收寄件人信息、内件物品名称、数量、包裹重量、申报价值等）进行录入并向海关申报，实现了邮政业务数据全口径录入，使邮件监管流程的所有操作都在系统中进行，改变了传统的纯手工纸本作业模式，使邮递物品监管实现“进系统、留痕迹、可追溯”。当数据进入系统后，系统会根据事先录入的风险参数对邮件作出征税放行、免税放行、人工审核、查验等初步处置结果；进入人工审核环节的邮件数据，则会由关员逐票审核，对可疑动植物及其产品的邮件进行布控查验。

（二）风险布控

相关机构根据以往动植物疫情截获情况进行风险分析，建立“黑名单”制度，对这些“黑名单”进行风险布控。对高风险区域进行重点查验，提高效率。“黑名单”主要包括经常邮寄违禁品的发件人（公司）的姓名、地址、国家（地区）等，收件人的姓名、地址、电话等，经常发现违禁品的区域（与邮政投递编码相匹配），以及国外动植物销售网络，例如韩国多肉植物网上销售平台等。另外，检疫机构需在一些特殊时间节点对某些国家（地区）的邮寄物进行风险布控并重点查验。比如中秋节之前重点查验来自日本和中国台湾地区的邮包是否带有鲜肉月饼、蛋黄月饼；在圣诞节前后重点布控来自欧洲的邮包是否带有香肠、火腿等。对高风险时段、高风险区域进行重点查验，采取风险分析和分类管理的举措，使有限的人力物力可以得到合理分配，提高检验检疫查验效率。

（三）人员巡查

关员进入邮件分拣场地不定时开展巡查，巡检范围分为已分拣邮件处和开拆后暂未分拣邮件堆放处。

在已分拣邮件处，除可根据“黑名单”内所涉及的重点区域进行排查外，还可根据面单上的信息发现可疑邮件。首先，应重点查验三类邮件。一是面单上有特殊符号或有手写 E-mail 地址的邮件；二是使用泡沫箱的邮件，这类邮件内很可能含有生肉及其制品、海产品或甲虫等活动物；三是申报内容和实际重量不符的邮件。其次，根据邮件上的国家信息实施分类查验。例如，法国邮件内一般以香肠、鹅肝酱、奶酪为主；德国、比利时以乳制品为主；马来西亚主要是燕窝；美国、澳大利亚则是海参、肉制品；日本、韩国违禁品十分丰富，包含肉制品、海产品、新鲜瓜果蔬菜，还有土壤、种苗、盆景等。

开拆后暂未分拣邮件堆放处的查验工作更加复杂，由于邮件属于堆放状态，查验关员需要根据邮件外观情况，对明显可疑的包裹下达查验指令。

不同物品的查验方法也大相径庭，以植物繁殖材料为例，一般通过“望、闻、问、摇、切”五步来初步筛选可疑的邮件。

一是“望”，即通过现场巡检发现可疑邮件。带有植物繁殖材料的邮件一般不会太大，大多是印有 EMS 字样的箱子和完全没有任何标识的箱子，箱子重量一般以 4kg~10kg 居多，可重点查验。

二是“闻”，即是在做好防护措施的情况下，通过泥土和植物的气味，嗅出带有植物繁殖材料的邮件。

三是“问”，通过邮件运单信息中寄、收件人的姓名、电话、申报品名、价格和重量等，预先判断箱子里的物品和申报品名是否一致，截获的植物繁殖材料大都申报为“衣服”“配件”“工艺品”“玩具”“模型”等。

四是“摇”，植物繁殖材料大都会用卫生纸和报纸包裹起来，所以箱子重量比较轻，摇动箱子几乎没有声音。

五是“切”，就是通过人工现场查验或 X 光机扫描来判定邮件中的物品是否为植物繁殖材料。

（四）机检查验

机检查验分为智能审图与关员人工审图两种模式。因传统的机检查验为关员双人作业利用 X 光机或 CT 机对进境邮件进行过机检查，对机检图像的判别需要机检人员具有大量的理论知识与丰富的经验，随着科技的进步，在海关总署的部署推动下，将 X 光机、CT 机智能审图系统嵌入海关业务流程，进一步提升现场监管效能和查验精度，一般各口岸结合使用两种模式。

1. 智能审图

智能审图是基于机检检查设备与人工审图经验，利用人工智能技术对海量机检历史图像及对应的货物、物品信息进行学习，形成对检查设备的机检扫描图像实施自动识别的智能化系统，是人工智能技术与海关一线监管深度融合的成果，智能审图提升了全国邮寄物检疫口岸的监管能力和效率。2018 年，智能审图在青岛、深圳、南宁和成都 4 个海关 5 个业务现场实施试点评估，结合试点海关的实际情况摸索出智能审图嵌入海关业务流程的实现路径，最终于 2019 年在全国海关推广智能审图。

针对动植物检疫类物品，该系统可识别并预警提示香肠、海参、肉肠、燕窝、部分水果等违禁物，当发现可疑图像时通过图像框定、声光报警等形式对审图人员进行提示，并配合自动分拣线，也可自动将可疑包裹分拣下线至待查验区。

2. 人工审图

机检查验人员需要有一定的现场开箱查验经验。现场开箱可以加深对违禁品的种类、形状、特征、密度等的了解，提升关员对物品形状的感知度以及图像辨识能力。例如，动植物及其产品均为有机物，在 X 光机下的成像颜色为橙色或黄色，颜色与形状等都极易与饼干、衣物、塑胶玩具等其他有机物的成像混淆，故通过机检截获动植物及产品难度较大，需要机检人员积累长期的判图经验。

（1）咖啡豆

咖啡豆为有机物且密度较高，在 X 光机下颜色为较深的橙色，形状为均匀分布的小颗粒，如图 3–4 所示。

图 3–4　查获的咖啡豆实物与 X 光机下图像

（上海海关提供）

（2）鲜活植物——卡特兰

兰科植物为有机物且密度较低，在 X 光机下叶片呈现轻薄的黄色，叶脉的密度较高，呈现较深的橙色，结合花盆与铁丝支架的形状，判定此包裹内物品需要开箱检查，卡特兰实物与 X 光机下图像对比如图 3–5 所示。

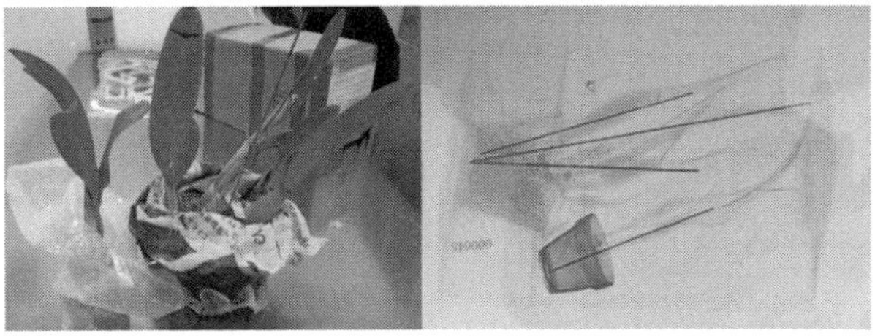

图 3-5　查获的卡特兰实物与 X 光机下图像

（成都海关提供）

（3）动物原毛

动物原毛因密度较低，在 X 光机下呈现较薄的橙黄色，因毛之间相互重叠，图像中会出现不规则的颜色加深的现象。区别于衣物有拉链等无机物或混合物部件，当包裹内全部都是动物毛时，图像颜色会比较单一，如图 3-6 所示。

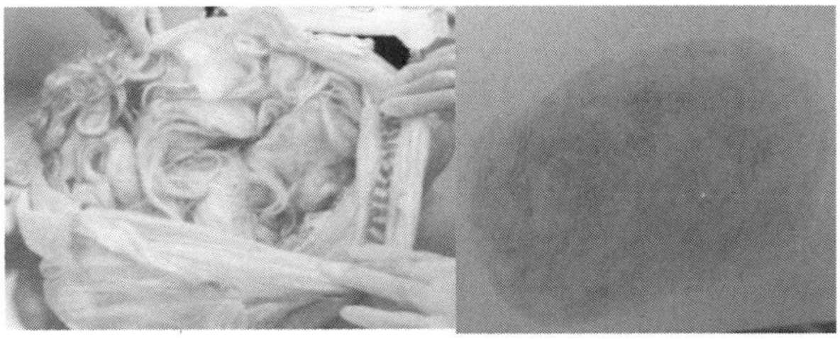

图 3-6　查获的动物原毛实物与 X 射线机下图像

（成都海关提供）

（4）新鲜水果

水果的密度相对较高，在 X 光机下颜色为较深的橙色，水果如有相互重叠则有阴影产生，橘子、苹果等水果的形状为相对比较规则的圆形，查获的新鲜水果实物与 X 光机下图像对比如图 3-7 所示。

图 3-7　查获的新鲜水果实物与 X 射线机下图像

（上海海关提供）

（5）宠物饲料

宠物饲料依据其成分，若含有肉制品成分如鸡肉、鸭肉等（猫粮、狗粮）或可繁殖材料如瓜子、亚麻籽等（仓鼠粮、兔粮），则禁止邮寄入境。因其密度较大，X 光机下呈现较深的橙黄色，形状为规则的小颗粒，如图 3-8 所示。

图 3-8　查获的宠物饲料与 X 光机下图像

（上海海关提供）

（6）肉制品罐头

肉制品罐头外包装为一层金属外皮，在 X 光机下能明显看出绿色的容器轮廓，容器内为橙色的高密度有机物，如图 3-9 所示。

图 3-9　查获的肉制品罐头与 X 光机下图像

（上海海关提供）

（五）监管工作犬查验

随着进出境邮件日益增多，单纯地使用 X 光机、CT 机进行辅助查验具有一定的局限性，如动植物及其产品的过机图像容易与其他有机物混淆，邮件内物品的重叠导致过机图像复杂难辨等。口岸监管工作犬可以搜查邮件中的动植物及其产品。它们经过专门训练，能够按照训导员的指挥在邮件理货现场对邮寄包裹进行搜检，从中发现禁止进境的动植物及其产品。

2019年9月7日，上海海关工作人员连续从2个进境邮包中截获了80只活体绿鬣蜥，这次截获要归功于海关工作犬。当时，这2个邮包的申报品名是“礼物”，海关工作犬通过嗅探，发现这2个包裹可疑，海关关员随即开箱查验，发现了这些活体绿鬣蜥，如图3-10所示。经鉴定，该批活体绿鬣蜥为美洲绿鬣蜥（*Iguana iguana*），被列入《濒危野生动植物种国际贸易公约》（CITES）附录Ⅱ。

图3-10　海关工作犬协助查获80只活体绿鬣蜥

（上海海关提供）

查验现场每天至少有一条监管工作犬进行巡检，同时监管工作犬训导员要与现场巡检人员互相配合，提高巡查能力；利用训练与工作相结合的方式，提高监管工作犬工作效率，定期安排监管工作犬在邮寄物检疫现场实地进行目标物训练，同时又将训练结果作为监管工作犬日常考核的重要依据，提升监管工作犬考核科学有效性，增强海关对进出境邮寄物检疫把关力量。

二、出境邮寄物检疫监管流程

出境邮寄物检疫是维护国家安全和社会公共利益的一个重要环节，也是我国履行国际义务的一个重要方面。目前，出境邮寄物检疫监管是依据《进出境邮寄物检疫管理办法》第十五条“对输入国有要求或物主有检疫要求的出境邮寄物，由寄件人提出申请，检验检疫机构按有关规定实施检疫”。

因此，出境检疫主要由寄件人向当地海关提出出口申请，并提供出境货物报关单，出口植物产品生产、加工、存放企业注册登记证书、合同或信用证等海关要求的相关单证进行出口报关，海关根据现场查验和实验室检测结果，对符合输入国家（地区）的植物检疫要求，双边植物检疫协定、协议、备忘录和议定书及贸易合同或信用证中有关检验检疫要求的，由具有签证资质的人员出具并签署检疫证书。若发现涉及濒危物种出口和国家保护的野生动植物及其产品出口的，则必须提供国家濒危物种进出口管理机构签发的允许进出口证明书或有关部门签发的批准证明。

此外，根据《中华人民共和国禁止进出境物品表》和《中华人民共和国限制进出境物品表》（海关总署令第 43 号），禁止出境物品中，涉及生物安全的包括带有危险性病菌、害虫及其他有害生物的动物、植物及其产品；有碍人畜健康的、来自疫区的以及其他能传播疾病的食品、药品或其他物品；濒危的和珍贵的动物、植物（均含标本）及其种子和繁殖材料。限制出境物品中，涉及生物安全的是贵重中药材。

拓展阅读　月饼是传播疫病的“元凶”

据不完全统计，目前全世界有三十余个国家（地区）宣布禁止收寄境外月饼。另外，还有一些国家（地区）对邮寄月饼采取限制措施，如澳大利亚要求注明为节日礼物，且馅料中不能含有蛋黄、肉、果仁等成分；英国、加拿大、马来西亚、新西兰等国家禁止含有蛋黄和肉类的月饼邮寄入境。日本规定，重量在 5kg 以下的月饼不需检疫证明及原产地证，但在月饼盒上需注明成分及有效日期；5kg 以上需收件人提供检疫证明，以及寄件人提供的原产地证明。泰国和越南则要求所寄的月饼重量在 0. 5kg 以下。欧盟对含有干果类的月饼中黄曲霉毒素 B_1 的要求远高于我国标准。美国农业部食品安全检验局要求含少量肉类、禽类或者蛋制品成分的食品必须在美国检验机构或者经认可的国外食品管理机构监督下生产，否则不能进入美国，同时寄件人必须预先在美国食品与药品管理局注册及申报。

有人不明白，月饼不是国内很平常的节令食品吗，为什么到了国外就要遵守那么多“规矩”，甚至被拒绝入境呢？多数月饼都含有肉类和蛋类成分，存在携带禽流感、口蹄疫及其他检疫性疫病传播的风险。同时，由于月饼的跨境邮寄周期较长，馅料易发生变质，因此，许多国家（地区）禁止邮寄、携带含有肉类或蛋黄成分的月饼入境或采取限制措施。

值得注意的是，不仅月饼出境有限制，境外生产的月饼入境也要遵守我国的相关规定。根据《中华人民共和国禁止携带、寄递进境的动植物及其产品和其他检疫物名录》（农业农村部、海关总署公告第470号）要求，含有肉类、蛋类等成分的月饼，存在携带禽流感、口蹄疫及其他检疫性疫病传播的风险，禁止携带、寄递入境。

第三节 进出境邮寄物动植物检疫监管案例与实践

一、动物疫病疫情截获典型案例

案例1 非疫区香肠中检测出非洲猪瘟（Infection with African swine fever virus，ASF）

案例介绍 2020年，上海海关工作人员在对进境邮件进行查验时，连续从2个来自同一地区、同一收寄件人的邮包中共查获1.87kg香肠。这2个邮包并非来自非洲猪瘟疫区。然而，经上海海关动植物与食品检验检疫技术中心检测，发现这2批猪肉香肠非洲猪瘟病毒核酸检测阳性。

案例分析 非洲猪瘟是由非洲猪瘟病毒引起的猪的一种高度接触性、出血性传染病，致死率高，是世界动物卫生组织规定报告的动物疫病。2018年8月3日，我国首次报告在辽宁省暴发非洲猪瘟疫情以来，30多个省、自治区、直辖市相继暴发非洲猪瘟疫情，给生猪养殖业造成了巨大的经济损失，同时使猪肉制品的质量安全受到严重威胁，使生猪养殖产业的发展面临前所未有的巨大危机。同时，国外非洲猪瘟疫情形势也越来越严峻，相关国家（地区）的猪及其产品禁止进入中国。

二、植物疫病疫情截获典型案例

案例1 邮件中隐藏植物病毒

案例介绍 2011年，南京海关检疫人员从进境邮件中查获数袋杂粮种子，送实验室检疫后，从中检出检疫性有害生物——菜豆荚斑驳病毒（*Bean pod mottle virus*，BPMV），此次检出的菜豆荚斑驳病毒为全国口岸首次从邮寄物中查获。

同年，厦门海关检疫人员从进境邮件中截获 0.497 kg 郁金香茎块，送至技术中心进行检疫鉴定。根据技术中心反馈，从中检测出检疫性有害生物——番茄黑环病毒（*Tomato blach ring virus*，TBRV）。检疫人员依法对该邮件实施高温销毁处理。

案例分析 菜豆荚斑驳病毒和番茄黑环病毒都被列入《中华人民共和国进境植物检疫性有害生物名录》，但两个病毒危害植物种类不同。菜豆荚斑驳病毒是危害大豆等豆科植物的重要病毒，能导致大豆品质降低和产量下降，可随种子进行远距离传播，是大豆的一种非常重要的种传病害，中国无此病毒的分布记录；番茄黑环病毒能危害的植物种类更多，单子叶、双子叶植物，草本和木本植物都能侵染，包括重要的经济作物（如葡萄和其他果树、甜菜、马铃薯等）、观赏植物等，影响植物成长、开花和结果时期，会导致植物畸形、坏死从而大量减产。

根据《中华人民共和国进出境动植物检疫法》及其实施条例、《中华人民共和国禁止携带、寄递进境的动植物及其产品和其他检疫物名录》（农业农村部、海关总署公告第 470 号），种子、种苗及其他具有繁殖能力的植物、植物产品及材料如未经审批许可并附输出国家（地区）官方植物检疫证书，一律禁止邮寄进境。

当前，邮寄已成为最便捷的物流形式之一，通过邮寄非法进境植物繁殖材料的风险加大。一些国内消费者经常通过购物网站海淘、代购境外的杂粮种子、植物种子种苗。植物种子往往数量少、体积小、形态不一，不开包查验很难被发现。非法邮寄进境的植物繁殖材料生物安全风险很高，因未经风险评估和检疫准入、审批，这些植物有可能演变为外来入侵物种，其茎叶部分经常带有昆虫、线虫、病菌、病毒等有害生物，带根带土的还可能携带土传病害的病原微生物，一旦传播蔓延，将会对我国农林生产和生态安全产生严重威胁。

案例 2 隐藏在扁豆里的害虫

案例介绍 2017 年 9 月，成都海关检疫人员依法对进境邮件进行查验时，截获鹰嘴豆、扁豆等植物繁殖材料 4 袋，共计 3.05 kg，经现场初筛和实验室筛查，在扁豆中发现大量豆象科活体成虫。经技术中心进一步鉴定后，确认此成虫为灰豆象（*Callosobruchus phaseoli*），检疫人员依法对这批植物繁殖材料进行了销毁处理。

案例分析 灰豆象为害多种豆类的种子，其幼虫蛀害豆类籽粒，使豆粒成空壳，失去食用价值，从而造成巨大损失，灰豆象是通过近几年进口的白扁豆传播的一种突发性、危害性极大的害虫。其繁殖力强、危害严重，一旦传入，将对我国农业生产和粮食储备带来重大威胁，已被列入《中华人民共和国进境植物检疫性有害生物名录》。因此，对邮寄进境的豆类应严格检疫，防止灰豆象等有害生物从邮寄物渠道传入我国。

案例 3 被虫蛀过的咖啡豆

案例介绍 2013 年 12 月，多地口岸检疫人员在国际互换局进境邮件中查获咖啡豆。现场查验人员发现该批咖啡豆有虫害迹象，遂抽取样品送技术中心作进一步检疫。经鉴定，检出检疫性害虫——咖啡果小蠹（*Hypothenemus hampei*）。

案例分析 咖啡果小蠹属于寄生性害虫类，已被列入《中华人民共和国进境植物检疫性有害生物名录》，主要寄生危害咖啡属植物的果实和种子，如咖啡、大咖啡等，是咖啡种植区严重危害咖啡生产的害虫，幼果被虫蛀食后引起真菌寄生，造成腐烂、青果变黑、果实脱落，严重影响产量和品质。此虫危害成熟的果实和种子，导致咖啡果受害率高达 90%，曾给多个咖啡生产国家（地区）造成很大的损失，对咖啡生产有相当严重的危害性。

通过检疫性有害生物的截获，更加充分肯定了加强进境邮寄物的检验检疫工作的重要性。现场检疫人员对到达口岸的咖啡豆及其他寄主植物种子要严格检验，根据该虫蛀食果实的习性，查验果实有无蛀孔，特别注意靠近果实顶部有无蛀孔，要剖查咖啡豆，检查内部是否带虫。对咖啡豆的外包装物同样要严格查验，发现虫情应连同包装物一起进行灭虫处理。

案例 4 可爱的“小熊”腹部竟然藏有违禁物品

案例介绍 2014 年，多地口岸检疫人员相继通过 X 光机和现场查验发现含薰衣草种子和小麦种子的玩具熊。在对薰衣草种子和小麦种子进行检疫过程中，发现其中夹带少量不同种类杂草，经技术中心鉴定，夹杂法国野燕麦、大麦、燕麦、野油菜等杂草，其中法国野燕麦被列入《中华人民共和国进境植物检疫性有害生物名录》，如图 3-11 所示为实验室工作人员对“小熊”进行检疫。

图 3-11　实验室工作人员对“小熊”进行检疫

（上海海关提供）

案例分析　法国野燕麦会与作物竞争，使作物产量减少，品质下降。有报道称，该杂草在后期比小麦高 27cm~34cm，印度曾报道法国野燕麦导致作物产量损失 7%。此外，法国野燕麦还会对除草剂产生抗性，不易防治。

三、外来物种截获典型案例

案例 1　特萨努侏儒螯虾

案例介绍　2020 年 10 月 28 日，大连海关在进境邮件中截获 10 只活体观赏虾。当日，海关查验人员在对进境邮件进行人工查验时，发现申报信息为“玩具模型”的邮件内装有 5 个充氧的透明塑料水袋，水袋内有活体水生动物 10 只。经鉴定，上述邮件中活体水生动物分别为 6 只特萨努侏儒螯虾（*Cambarellus texanus*）和 4 只摩羯虾（*Aegla platensis*），从进境邮件中截获的特萨努侏儒螯虾如图 3-12 所示。

图 3-12　从进境邮件中截获特萨努侏儒螯虾

（大连海关提供）

案例分析　特萨努侏儒螯虾主要栖息于沼泽、池塘和小溪中，属于早熟型侏儒螯，2 cm 大小母虾即可繁殖，且繁殖较快。特萨努侏儒螯虾在新的栖息地会与亲缘关系接近的本土螯虾进行杂交，对后者进行遗传侵蚀。特萨努侏儒螯虾畏光，非常喜欢挖洞，主要食物为浮游生物和有机腐殖质，会改变淡水水体的生物淤积以及淡水食物链结构，从而导致生态环境变化。

案例 2　委内瑞拉粉红脚捕鸟蛛

案例介绍　2020 年 10 月 29 日，在金陵海关驻邮局办事处监管场地，一件进境邮件经过风险数据筛查被海关邮递物品管理系统自动“捕中”。该邮件申报内容为“试管”，X 光机图像显示内有几十余个小型塑料容器，现场关员立即开箱查验，发现实际内容物为 50 支内有填充物、包装完好的塑料管，每管内各有 1 头蜘蛛。经鉴定，该批 50 头蜘蛛为委内瑞拉粉红脚捕鸟蛛（*Theraphosa apophysis*），如图 3-13 所示。

图 3-13　从进境邮件中截获委内瑞拉粉红脚捕鸟蛛

（金陵海关提供）

案例分析　野外生活的粉红脚捕鸟蛛在土壤洞穴中捕食幼鸟和小型动物。粉红脚捕鸟蛛一旦入侵，会因为没有天敌制约，打破当地的原有生态平衡，影响生物多样性，对当地生态环境和农林业生产造成威胁；此外，野生动物可能携带未知病菌，把其当作宠物饲养时，染疫动物可通过直接或间接的方式导致人类患病。

为遏止此类非法邮寄行为，一方面，要加大社会宣传力度，提高民众国门生物安全防护意识，自觉维护我国生态安全；另一方面，亟须完善法律法规制度，通过立法或修订现有法律等方式完善相关法规，适应邮寄行业的发展形势，加强对违法寄递行为的惩处力度，同时进一步明确邮政部门、普通公众在邮寄物检疫工作中承担的责任，对于故意伪装闯关的行为要追究当事人的法律责任。

案例 3 美西白犀金龟（美西白兜）

案例介绍 2020 年 11 月 20 日，杭州海关关员在对进境邮件进行重点查验时，发现一邮件面单申报品名为“塑料玩具”，结合邮件的大小、重量及该地邮件易查获动植物及其产品等特点，现场关员判断该邮件很有可能伪报品名并有极高的检疫风险。过机查验时从 X 光机图像中发现异常，内含盒装物，疑似装有昆虫，现场关员立即开箱查验，查获甲虫共计 6 头，经鉴定其中 2 头为美西白犀金龟（*Dynastes granti*），如图 3–14 所示。

图 3–14 从进境邮件中截获
美西白犀金龟（雌虫）

（杭州海关提供）

案例分析 美西白犀金龟成虫以阔叶树的树汁和腐败的水果为食，也可危害树木的嫩茎和果实；幼虫取食朽木。新型的境外宠物频频闯关，存在多方面的威胁。首先，装有新型宠物的邮件包装比较简陋，没有特殊标识，运输途中存在极大的安全隐患，一旦包装破损造成活动物逃逸会给口岸生物安全带来极大威胁，可能引起外来生物物种入侵，影响国内自然生态系统、物种和遗传资源，对生态平衡和种群多样性造成威胁，危及我国农、林、牧等领域发展。其次，经邮寄进境的新型宠物，其来源、品种及卫生状况均不明，检疫风险难以评估，可能携带境内没有的危险性有害生物，对境内的同类物种形成威胁。

案例 4 剪齿牛蚁

案例介绍 2020 年 12 月 17 日，长沙海关关员对一个进境邮件进行例行查验时，机检影像显示为玻璃试管样物品，工作人员拦截开箱查验后，发现箱内为 4 个经专业手法包装、附带营养液的玻璃试管，管内为 7 只大型活体蚂蚁。经鉴定，其中 1 只为剪齿牛蚁（*Myrmecia forficata*），如图 3-15 所示。

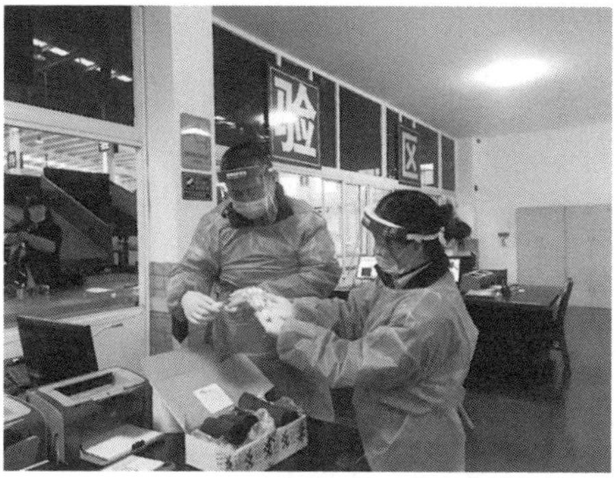

图 3-15　从进境邮件中截获剪齿牛蚁

（长沙海关提供）

案例分析　剪齿牛蚁为肉食兼腐食性的蚂蚁，用针刺攻击猎物，可捕食蛾类、蜜蜂、火蚁等。因其侵略性和强力的毒刺而闻名，毒液对过敏体质的人可能引起过敏性休克，严重的可能会致命。近年来被爱好者作为新型宠物收集、饲养、贩卖，可能会造成外来物种入侵，破坏入侵地生物多样性。

案例 5　南美角蛙

案例介绍　2020 年 8 月 1 日，杭州海关关员在对进口邮件进行现场过机查验时，发现一件来自日本的、申报品名为“伤痛帖、橡皮泥玩具”的邮件显示图像可疑，内装疑似动物的物品。鉴于该国为邮寄我国禁止进境动植物的主要来源国，现场关员立即开箱查验，从该邮件中共截获活蛙 9 只，鉴定为南美角蛙（*Ceratophrys cranwelli*），如图 3-16 所示。

图 3-16　从进境邮件中查获南美角蛙

（杭州海关提供）

案例分析　南美角蛙栖息于雨林的落叶层，是“守株待兔”型的猎食者，主要以其他蛙类为食，同时也捕食鸟类、啮齿类动物和蛇类。未经风险评估和批准引进的南美角蛙，可能侵占本地物种的生态空间，造成本地物种死亡或濒危，对生物多样性造成影响；未经海关检验检疫的角蛙可能携带外来病原，危害本地物种，打破国内的生态平衡。

案例 6 木本曼陀罗

案例介绍 2020 年 4 月 15 日，大连海关所属邮局海关关员在对进境邮件进行过机查验时，发现 X 光图像呈现植物枝条特征，判断邮件内物品高度疑似植物苗木。经人工开包查验，确认为 4 株带土植物苗木，经鉴定，为有毒植物木本曼陀罗（*Brugmansia arborea*），如图 3–17 所示。

图 3–17 从进境邮件截获木本曼陀罗

（大连海关提供）

案例分析 木本曼陀罗通常作为观赏植物种植。曼陀罗属植物通常全株有毒，其中果实和种子毒性最大，人中毒症状为狂躁、眩晕等，严重者可引起晕迷、血压下降，最终出现呼吸衰竭而死亡。另外，未经风险评估和检疫审批许可的带土植物，存在携带有害生物或植物病原的风险极高，很有可能成为外来有害生物或疫病疫情远距离传播的重要载体，对我国物种安全、生态平衡构成威胁。

案例 7 恰特草

案例介绍 2012—2013 年，上海口岸检疫人员多次从进境邮件中截获大包含有刺鼻气味的叶片。现场工作人员取样并送至技术中心进行鉴定，确定其为恰特草（*Catha edulis*），如图 3–18 所示。

图 3-18　从进境邮件中截获的恰特草

（上海海关提供）

案例分析　恰特草内含的化学成分为卡西酮，不但具有精神兴奋作用，而且具有成瘾性，对身体危害极大。我国从 2014 年起实施的《精神药品品种目录（2013 年版）》已正式将恰特草列入其中，为国家一类精神药品。《中华人民共和国刑法》相关条例明确规定，国家规定管制的其他能够使人形成瘾癖的精神药品属于毒品范畴。将恰特草由境外带入境内达到一定数量的，相关部门可对其进行刑事处罚。

案例 8　罂粟种子

案例介绍　2020 年 10 月 27 日，宁波海关关员在对进境邮件进行现场过机查验时，发现一份申报品名为“药物”的邮件可疑，结合邮件的大小、重量及英国邮件易查获植物种子的特点，判断该邮件很有可能虚报品名。过机查验时从 CT 机图像中发现该邮件中有层状包装物，图像模糊，现场关员立即开箱查验，从中截获植物种子 33 种 48 包，经技术中心鉴定，其中一包为罂粟（*Papaver somniferum*），如图 3-19 所示。

图 3-19　从进境邮件中截获的罂粟种子

（宁波海关提供）

案例分析　罂粟为三大毒品植物之一，未成熟果实含乳白色浆液，制干后即为鸦片的原料；罂粟种子多食可上瘾。根据《中华人民共和国刑法》第三百五十一条规定，我国对罂粟非法种植的，一律强制铲除。

案例 9　58 支试管的黑腹果蝇

案例介绍　2021 年 5 月，上海海关关员在对进口邮件查验过程中，一批收发件方均为科研机构的进境邮件引起海关关员的注意。关员实施现场开箱查验，发现邮件内为塑料试管 58 支，每支试管内含培养基和 20 余头活体昆虫幼虫。经鉴定，上述昆虫为黑腹果蝇，如图 3-20 所示。

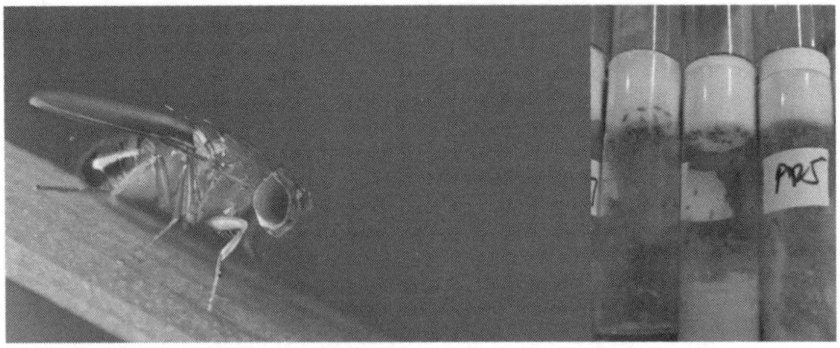

图 3-20　从进境邮件中截获 58 支试管的黑腹果蝇

案例分析　目前邮运口岸截获的黑腹果蝇均为科研实验用途，发件人往往是国外科研机构，收件人通常为高校研究人员或相关贸易公司人员。由于引进此类科研物品的手续较为烦琐，一些收发件人企图通过邮运渠道不经申报就蒙混过境，近年，国际邮件已成为引进国外科研物资的渠道之一。

因科学研究等特殊需要引进国家禁止进境的植物病原体、害虫及其他有害生物、土壤等检疫物时，需提前向目的地直属海关提交申请，办理特许审批手续，获得中华人民共和国进境动植物检疫许可证后方可进境。

四、进出境邮寄物行政处罚实践

案例 1　邮寄物检疫处罚违规邮寄昆虫尸体案例

案例介绍　2013 年 3 月，上海海关检疫人员在对进境邮件进行例行巡查过程中，截获一件来自中国台湾地区的邮件，箱内全部为昆虫尸体。经现场初步筛查，该批昆虫尸体共有 28 种、共计 383 只，由于未经有效的干燥与防腐处理，部分已出现腐败与霉变。该邮件在运单品名一栏填写为“文具用品”，属于不如实申报，有逃避检疫的嫌疑。为此，上海海关检疫机构对该邮件收件人违规邮寄昆虫尸体行为进行立案调查。

据查，收件人为昆虫爱好者，热衷于制作和收藏各种昆虫标本，与境内外人员均有学术上的交流，该批昆虫尸体为在中国台湾地区的友人收集作为交流赠予的。经了解，该批昆虫尸体本应制作成标本，却因处理不当导致腐败，收件人承认该批昆虫尸体未办理检疫审批手续，且对申报“文具用品”的情况并不知情。

收件人未办理检疫审批手续邮寄进境昆虫尸体，寄件人则采取谎报品名的行为，企图逃避检疫。当事人行为违反了《中华人民共和国进出境动植物检疫法》（以下简称《动植物检疫法》）第五条第三款的规定，依据《中华人民共和国进出境动植物检疫法实施条例》（以下简称《动植物检疫法实施条例》）第五十九条第一款的规定，上海海关检疫机构对当事人作出了罚款 300 元的行政处罚。

案例分析　本案例实施的有利因素如下：（1）收件人是上海某报关公司员工，当事人身份得到该公司主管领导的确认；（2）当事人是具有一定专业素养的昆虫爱好者，甚至承担了国内昆虫品种鉴定部分工作，对违规行为可能造成的危害有所了解，所以愿意配合接受处罚。

在约谈时，当事人表达了对邮寄物检验检疫相关法律规定认识的缺乏，并指出有专营机构通过邮运渠道从事此类动物标本的出入境，给海关检疫人员后续工作提供了重要线索。

本案例为系统内首次开展对个人邮寄禁止进境物案件的行政处罚。邮寄《中华人民共和国禁止携带、寄递进境的动植物及其产品和其他检疫物名录》中物品的违法案件存在定性难、取证难等问题。一般情况下，检疫人员只能通过邮件运单信息及电话联系收件人获取信息，运单信息包括收发件人姓名及住址，部分有联系方式，但上述姓名不具真实性，部分邮件的地址、品名不够详细，且无任何寄、收件人的诚信记录。上述情况导致非法邮寄行为的物品被查获后，如收件人不配合调查，此类案件就往往因为取证困难而无法对当事人实施行政处罚。

案例启示　国际邮件寄递行业因全球一体化得到了突飞猛进的发展，国内消费者的爱好也呈多元化，再加上邮寄方式的复杂性、隐蔽性以及伴随发展而剧增的业务量，使防范通过此渠道输入外来有害生物的难度大大增加。

要进一步做好邮寄物检验检疫执法工作，第一，必须完善并建立系统健全的管理法规，其中及时修订法律规定是首要任务；第二，进一步规定并明确邮政部门、普通公众在邮寄物检疫工作中承担的责任，加强社会防范意识；第三，建立收发件人诚信记录，与个人诚信记录形成联动，一旦发生违法行为可督促收发件人主动配合行政部门调查；第四，进一步加强检疫普法宣传，使民众意识到违规邮寄行为的法律责任，配合接受行政处罚。

案例 2　邮寄物检疫处罚违规邮寄动物标本案例

案例介绍　2013 年 3 月，上海海关检疫人员在上海市国际邮件处理中心先后查获 3 个带有动物标本的邮件，3 个邮件共计含 2097 枚动物标本，包括树蛙科标本 10 枚、蝴蝶标本 1199 枚、其他各种昆虫标本 888 枚。3 个邮件收件地址均为同一个，为此上海海关检疫机构对 3 个邮件的收件人违规邮寄动物标本行为进行立案调查。

上海海关检疫人员通过网络对该收件地址进行检索，发现该地址实际为上海某生物科技有限公司办公地址，是一家专业的昆虫产品供应商，且设有网店。当事人称该批动物标本价值高昂，主要作为私人收藏，也有一部分将销售给国内爱好者，并表示对邮寄物检验检疫法律规定不甚了解。

当事人未办理检疫审批手续邮寄大批动物标本进境，其行为违反了

《进出境动植物检疫法》第五条第三款的规定，依据《动植物检疫法实施条例》第五十九条第一款的规定，检疫人员对当事人做出了罚款 2500 元的行政处罚。

案例分析 本案例同样为邮寄禁止进境物案件，但案件的性质更加严重。由于该公司具有网络销售平台，海关检疫人员通过公开的网页即可查证网点实体地址与邮件收件地址相同，掌握了收件人的真实信息，并发现了可能将违法进境物品用于销售的嫌疑，这些线索形成的关键证据是行政处罚得以实施的重要前提。

当事人在行政处罚中始终保持配合，并表示期望通过合法渠道输入此类产品。检疫人员在向其明确阐述检验检疫法律规定后，还为其办理相关程序提供了指导。

案例启示 随着国际贸易的物流渠道不断拓展，除了私人物品的运输，国际邮路中的贸易货物所占比例不断增加，加之邮寄方式的复杂性、隐蔽性，其中具有生物安全风险的货物，未经审批检疫即通过邮路流入我国境内的风险不容忽视。

开展违规邮寄行为的行政处罚，关键是掌握证据并取得当事人的配合。此案的启示在于，检疫人员与其他当事人或收件人加强沟通取得线索，并通过网络咨询收集相关证据，掌握证据后进一步取得当事人的配合，可增加顺利实施行政处罚的可能性。

拓展阅读 人与兔子的百年战争

在辽阔的大洋洲大陆上，原本并没有兔子。1859 年，一位名叫托马斯·奥斯汀的英格兰农场主来到了澳大利亚。由于酷爱打猎，于是委托自己的侄子从英国邮寄一些猎物，其中就包括 24 只穴兔和 5 只欧洲野兔。他把这些兔子放养到自己的领地上。

由于澳大利亚没有鹰、狐狸和狼这些天敌，这些兔子疯狂地繁殖起来。1890 年，仅新南威尔士州的兔子数量据估计就有 3600 万只。为了阻止兔子的扩散，人们修了一条长达 1000 英里（1 英里约合 1.609 千米）的篱笆。遗憾的是，在这条篱笆完工之前，人们就发现已经有兔子越过了篱笆。澳大利亚人又相继开工建设第二条和第三条篱笆。1908 年，三条篱笆全部修建完成，加在一起的总长度超过 3000 千米。但在洪水、强风甚至袋鼠等综合因素的作用下，再加上兔子天生具有的打洞本领，兔子们很快就在整个澳大利亚畅行无阻了。澳大利亚政府还曾动用空军播撒毒药。这一招刚开始确实有效，兔子们死伤累累。但是，由于兔子们的繁殖能力惊人，在撒药过后不久，兔群依然兴旺，而撒下的毒药，却对草原的生态产生了不良的影响，澳大利亚政府只好放弃这种方法。到了20世纪50年代，澳大利亚政府最终决定采用生物控制的办法来消灭兔灾。生物学家从美洲引进了一种依靠蚊子传播的病毒——粘液瘤病毒，这种病毒的天然宿主是美洲兔，能在美洲兔体内产生并不致命的粘液瘤，但这种疾病对于欧洲兔子来说却是致命的。另外，由于这种病毒具有选择性，对于人、畜以及澳大利亚的其他野生动物完全无害，这无疑是消灭澳大利亚兔子的最理想的武器。1950年春天，澳大利亚的科学家在墨累—达令河盆地将这种病毒释放到了蚊子身上，然后经蚊子再传染给兔子。粘液瘤病毒一经引进，很快便在整个兔群中传播开来，兔子的死亡率达到了99.9%。截至1952年年底，整个澳大利亚有80%~95%的兔子种群被消灭。困扰澳大利亚人近百年的兔灾终于被粘液瘤病毒这种致命的武器控制住了。

然而，随着免疫能力的逐渐增强，澳大利亚兔子在感染粘液瘤病毒以后，死亡率越来越低，与此同时，兔子的数目也逐年回升，截至1990年年底，已恢复到6亿只左右。为了防止灾难重演，澳大利亚的科学家们一直在不停试验各种不同的生物控制方法，引入多种病毒，以达到抑止兔子大量繁殖的目的。

第四节
进出境邮寄物国门生物安全风险及应对举措

一、进出境邮寄物的国门生物安全风险

国门生物安全是指一个国家（地区）处于一种没有因管制性生物通过进出境而产生危险的状态。具体而言，国门生物安全是指利用法律的、行

政的、技术的手段，防止有害生物出入境、外来生物入侵及物种资源流失，避免或减少由此对生态环境、生物多样性、农林牧渔业生产和人类健康的威胁，并保持可持续发展的状态。

国门生物安全是国家生物安全的第一道防线，也是国家安全的重要组成部分。2021 年 4 月 15 日，《中华人民共和国生物安全法》正式实施。该法聚焦生物安全领域主要风险，完善生物安全风险防控体制机制，着力提高国家生物安全治理能力。就动植物检疫工作来说，《中华人民共和国生物安全法》明确了动植物疫情、进出境检疫、生物安全实验室管理等具体风险防范和应对制度，对海关进出境邮寄物检疫工作具有重要的指导意义。

从多年的邮寄物截获数据来看，非法邮寄动植物及其产品进境的方式层出不穷，数量呈加速上升趋势，动植物疫病疫情传入的风险日趋加大，例如，从邮寄进境的薰衣草玩具熊中检出检疫性有害生物——法国野燕麦；从邮寄进境的咖啡豆中检出检疫性有害生物——咖啡果小蠹；从邮寄进境的花卉中检出检疫性有害生物——棉花黄萎病菌；从邮寄进境的种苗中检出检疫性有害生物——腐烂茎线虫；从邮寄出境的邮包中截获濒危植物种苗，等等。由此可见，进境邮寄物对国门生物安全造成了极大的挑战。

在进境邮寄物截获物品中，中、高风险种类主要集中在活体动物及其制品、鲜活植物及其植物产品之中，其牵涉的范围也较广，不仅涉及国门生物安全和生态安全，还包括携疫传疫、濒危物种保护、外来物种入侵等各方面。

（一）高风险进出境邮寄物

高风险进出境邮寄物具有扩散疫情的能力，甚至涉及非法贸易等违法行为。活体动植物、生鲜动物产品、繁殖材料、土壤、病原体、来源于人体或用于人体的特殊物品均在此列。

植物繁殖材料在高风险进出境邮寄物中占很大比重。2020 年，全国海关从来自 102 个国家（地区）的进境植物产品中截获检疫性有害生物共 6.95 万批次。2021 年一季度，海关在邮件、快件、旅客携带物渠道截获外来物种 710 种 1749 批次，截获检疫性有害生物 204 种、14196 次，截获次数同比增长 27.8%。活动物在高风险进出境邮寄物也占很大比重，但因其跨境邮寄需要密闭包装和长途运输，种类数量基本集中在生命力顽强、耐饥耐渴的物种，如箭毒蛙、红尾蚺、甲虫、蚂蚁、乌龟、蜘蛛等，这类动物截获时大多为活体，为提高动物存活率，寄件人一般在包装内铺垫浸水锯末、苔藓，开设透气孔等。活体动物是动物疫病和人畜共患病的主要传染源或传播媒介，尤其是新型宠物和野生动物，不但可能涉及《濒危野生动植物种国际贸易公约》的限制要求，而且它们的来源、品种及卫生状况不明，检疫风险难以评估，其体内还可能携带未知病菌，一旦逃逸到野外，将对我国的生态环境和人民身体健康带来极大风险。

（二）中风险进出境邮寄物

中风险进出境邮寄物包括初级加工的水产品及植物产品、肉制品，禽、蛋产品，非用于人体的生物材料等。

虽然这一部分的进境邮寄物风险可控，但其中涉及的肉制品缺乏溯源、召回机制，存在含有重大人畜共患病的病原体的风险。例如，牛脑海绵状脑病（疯牛病）是由朊病毒引起的一种慢性神经系统疾病，该病毒可在多物种间传播，羊、鹿、水貂等均可感染，还可能传染给人，引起人患克雅氏病。疯牛病给畜牧业和人类健康带来严重危害，对养殖业、饲料工业、牛肉食品安全及医药卫生也造成深远影响，因此是世界动物卫生组织要求必须报告的 A 类动物传染病，致死率为 100%。

（三）低风险进出境邮寄物

低风险进出境邮寄物是指已经过处理，但可能在储藏运输过程中产生疫情的动植物产品，包括进行过处理的植物产品、动物标本等。虽然此类物品已经过深加工处理，传播疫情疫病的可能性较小，但是依然需要保持关注。

通过对进出境邮寄物物品进行风险分级，可确定检疫监管的重点和方向，减少检疫监管的盲目性。进行风险分级的目的并不是要实现“零风险”，而是要通过有效的风险管理将风险控制在可接受范围内。

二、进出境邮寄物检疫风险应对举措

目前，各国家（地区）依据《万国邮政公约》开展国际邮政业务，《万国邮政公约》并没有对收邮件内容物申报和检视程序作出强制性规定，寄件人不仅可以通过虚假申报，伪装夹带，变换收件人姓名、地址等方式对邮件进行伪装，而且一些国家（地区）对出境邮件疏于监管，甚至不验视邮寄物品，导致大量动植物及其产品通过邮寄渠道进入别国。与进出境快件监管相比，邮寄物监管难度更大，海关也无法运用风险管理、分类管理、信用管理的原则，验核许可证、审批单等检疫方式对其进行监管。

为了筑牢进出境邮寄物渠道生物安全防线，保护我国生态平衡和生物多样性、农林业生产以及人民的身体健康，需要从以下四个方面入手。

（一）加强口岸查验力度

加大口岸检疫查验人员投入，加强口岸查验设施设备配置。充分发挥各种查验方式优势，确保进境邮件查验的高精准、全覆盖、无死角，提高一线口岸查验效率。另外，还需加强口岸疫情防控设施和查验人员防护装备的配备，防止有毒有害生物和疫情扩散，保障一线查验人员人身安全。

（二）严格行政监管

通过立案追诉、列入社会诚信系统等方式，提高违法成本，特别是根据《关于公安机关管辖的刑事案件立案追诉标准的规定（一）的补充规定》（公通字〔2017〕12 号）的规定，对涉嫌 1 年内 2 次以上寄递活动物进境逃避检疫，并引起重大动植物疫情危险的，予以立案追诉，以加大对非法邮寄进境行为的惩处力度。探索将非法邮寄禁止进境物行为纳入社会诚信体系，建立跨部门、地区、领域的联合惩戒机制，加大收/寄件人非法邮寄进境成本，促使收/寄件人形成自觉保护国门生物安全的意识。

（三）加强信息互联和风险分析

加强全国各口岸截获信息的共享，通过信息互联，全面掌握截获情况；加强口岸联防联控，严厉打击重复邮寄进境行为，共同筑牢邮政口岸检疫防线。加强对截获数据的综合分析和风险分析，建立重点查验机制，突出对重点国家（地区）、重点收/寄件人的查验，并根据风险分析结果实施针对性布控查验，提高查验的针对性和有效性。

（四）加大宣传力度

加大法律法规的普及和宣传力度，提高社会公众对检验检疫法律法规的认知度。例如，在美国、澳大利亚、新西兰等一些国家（地区），不但制定了严格的动植物检疫法律法规，而且在不同场所以多种形式进行国门生物安全宣传、教育，如在入境航班上播放宣传视频、发放宣传资料，在空港口岸张贴宣传海报，在微信订阅号上发布具有科学性、知识性、艺术性、趣味性的科普文章等，使每个公民都具有防范外来有害生物入侵的意识。此外，在新西兰，有数次检疫性害虫的发现，都是由普通国民对照检疫部门发放的宣传资料主动将捕获的有害生物邮寄检疫部门而确认的，使检疫部门及时采取防控措施，避免了疫情的蔓延。

我国海关也充分利用电视、报刊、互联网等各类媒体，广泛宣传非法邮寄禁止进境物存在的检疫风险以及可能承担的法律后果，普及生态安全和动植物检疫知识。同时，加大对违法违规案例惩处的总结宣传，发挥典型案例警示作用，提升社会公众自觉遵法守法意识，从源头上减少或杜绝非法邮寄动植物入境的行为。

此外，我国海关也进一步加强对国内科研单位的政策宣传。例如，2021 年，全国各海关多次在邮件查验中发现大量黑腹果蝇或秀丽隐杆线虫，如图 3-21 所示。黑腹果蝇是一种重要的模式生物，其寿命较短，科学家只能在很短的时间内观察遗传特征如何在很多代身上继承。在遗传学与基因组学的研究及发展中发挥了无可替代的作用，有着“昆虫界的小白鼠”的美称。另外一种常用的模式生物秀丽隐杆线虫是一种无毒无害、可以独立生存的线虫，其个体较小、生物结构简单，它与人类多数基因同源，是研究基因功能、药物治疗、衰老和人类疾病（如癌症和糖尿病）的首选动物模型。黑腹果蝇和秀丽隐杆线虫遗传背景清晰，在生物科研领域不可或缺。我国在这一领域起步较晚、模式生物资源有限，引进境外的活体模式生物材料能够有效补充国内资源不足的现状。

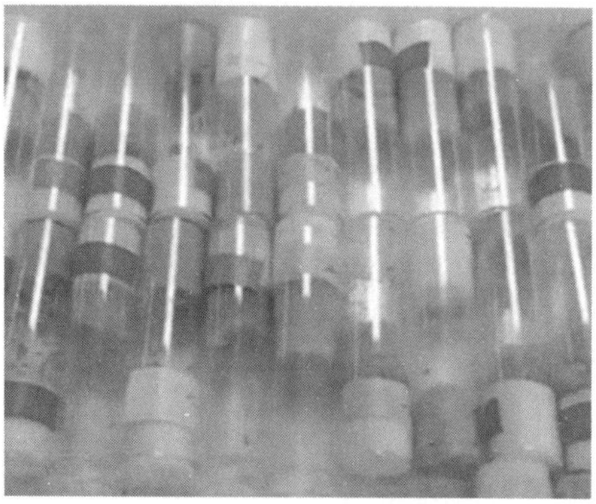

图 3-21　上海海关截获科研用品——黑腹果蝇

（上海海关提供）

目前，我国针对引进这类生物材料，需科研机构在进口前向海关申请办理中华人民共和国进境动植物检疫许可证，进口时向海关申报，接受海关查验。但是有些科研机构利用邮运渠道的盲区，不经申报就蒙混过境，抱着侥幸的心理去触碰法律红线。为此，海关主动协调科研机构邮件渠道模式生物进口难题，着力解决“进得来”，努力实现“进得快”。充分论证在现行政策框架下科研自用模式生物通关模式达成三点共识：一是与科研机构建立沟通联络机制；二是指导科研机构申请符合邮件渠道要求的进境动植物检疫许可证；三是在科研机构主动申明的前提下，研究降低模式生物查验率的可行性。

拓展阅读 “异宠”的威胁

“异宠”是相对于传统的猫、狗等宠物而言，没有经过长期的人工选育的新型宠物，比如蚂蚁、蜥蜴、蜘蛛、蛇等，如图 3-22 所示。新兴宠物比较小众，以前饲养者少或没有，部分原因是它们可能造成人类的恐惧或厌恶，一般人不愿与之亲近。虽然，选择这样的宠物常常令旁人较难理解和接受，但在接受的人看来会更新奇、更酷。

图 3-22 进境邮件中查获的“异宠”

（上海海关提供）

为什么常常有人不惜花重金，从海外偷渡“异宠”呢？从性质上看，“异宠”一般属于低互动性宠物，基本不具有猫狗这样的陪伴功能，主要饲养目的是观赏其外形、观察其生活。正因为如此，这类低互动性宠物的爱好者，比之传统高互动性宠物的粉丝，更具有“收藏”新种异种的动机。

值得注意的是，传统宠物往往是长期人工选育得来的不同“品种”，一般野外生存能力较差，基因差异极小，“殖民”能力较低；而“异宠”

则是来自世界各地的不同物种，各自身怀绝技，基因库丰富，在新环境定居，造成生物入侵的概率要大得多。作为饲养者，提供的饲养环境往往比较简陋，饲养工具简单，而昆虫、爬行动物等则很容易在喂食、清扫、饲养容器破裂、更换饲养工具时逃逸。

这些生物一旦成为入侵生物，往往对生态系统的结构和功能产生不良影响，危及本地物种特别是珍稀、濒危物种的生存，造成生物多样性的丧失。有的入侵生物还对本地经济、社会造成了巨大危害。因此，跨境“异宠”不可取，生物入侵危害大！

第四章

进出境快件动植物检疫

CHAPTER 4

随着世界各国家（地区）在经济贸易和政治文化领域的交流日益增多，国际快件业务这一新型的物流模式，以其“方便、快速、安全”的运作特色为国际间物资的传递提供了强大的保障。进出境快件具有价值低、数量大、种类多的特点，给检疫监管工作带来一定的困难。因此，进出境快件所暗藏的国门生物安全风险不容小觑。

第一节 进出境快件动植物检疫概述

一、进出境快件概述

（一）进出境快件的概念

进出境快件是指进出境快件运营人（即国际快件企业）以向客户承诺的快速商业运作方式承揽、承运进出境货物、物品。此定义依据为《中华人民共和国海关对进出境快件监管办法》（海关总署令第 104 号公布，根据海关总署令第 147 号、第 198 号、第 240 号、第 262 号修改）（见附录 6）。海关依照《中华人民共和国海关法》的规定，对进出境国际快递物品实施监管。非贸渠道的出入境快件是指非货物类的快件。

进出境快件由进出境快件运营人承运，进出境快件运营人是指在中华人民共和国境内依法注册，在海关登记备案的从事进出境快件运营业务的国际货物运输代理企业，如 DHL 空运服务有限公司（DHL）、联合包裹运送服务公司（UPS）、联邦快递有限公司（FedEx）和顺丰速运等国际快递企业。近年来，由于快件行业的迅猛发展，非贸渠道进出境快件数量增多、种类多样，不少有害生物和外来物种暗藏其中，给国门生物安全带来一定的风险。

（二）进出境快件业的特点

在全球经济一体化程度的不断加深，国际经济贸易活动日益增多这一背景下，进出境快件业不断发展壮大。因为时效性在国际商业活动中的重要性越来越受到重视，大量时效性要求较高的商业往来文件、单证、货样广告品的快速传递需求，为快件业发展提供了广阔的市场空间。近40年来，高新科学技术的迅猛发展，又使得大量体积小、重量轻、价值高的高科技产品成为快件发展的新增长点，还由于快件本身快速方便的特点，随着快件业务的发展，也逐渐步入了普通人的生活，在物流运输行业中已占有重要地位。

进出境快件业具有以下几个与其特点紧密相关的发展趋势。

1. 国际快件公司以跨国集团化模式发展。行业巨头在国内市场处于领先地位后，都会全力进军国际市场，在世界各地以直接成立分公司或与当地企业合作等各种形式设立分支机构，形成了基本覆盖全球的完整商业运输网络。

2. 在一些业务集中的国家（地区），设立洲际或区域性的快件中转中心，使用现代化专业分拣设备进行集中分拣作业，并以此为圆心向邻近区域辐射，形成全面的服务网络。

3. 广泛应用信息技术，建立了强大的计算机网络应用于整个业务流程的管理、联络，并便于用户查询追踪快件运送的全过程。许多快件公司还与海关进行数据交换，或者直接开发了供海关作业的快件信息系统，便于海关快速验放。

（三）进出境快件与邮件的区别

快件与邮件性质不同，邮件是由邮政提供的普遍服务，遵守万国邮联规定，具有公共产品性质，快件则是市场经济发展的产物，主要为社会有特殊需求的成员提供个性化、限时送达的商业服务，具有私人产品的性质。性质的不同决定了二者有以下几点区别。

1. 传递渠道不同

国际邮政服务依据万国邮联协议，主要通过邮局之间的连续投递完成服务，而快件则是国际快件企业通过自身的网络或者联网的方式，将寄件人委托的包裹快捷地送到收件人手上的新型运输方式。

2. 服务标准不同

邮政的普遍服务面向社会全体成员，遵守万国邮联关于让所有人可以接受的低价原则，具有相对统一的质量标准，提供社会成员之间基本的通信服务，更加注重服务的标准化和统一性；快件服务更注重满足客户的个性化需求，提供“门对门”的便捷服务，其服务价格遵循价值规律，根据不同的价格提供不同的服务效率与服务程度。

3. 通关方式不同

国际邮件到达国际邮件互换局后，需要本人亲自办理相关手续，向海关申报，海关在邮件到达前无法预知邮件的内容物；而快件则由收寄件人委托快件运营人，应用国际互联的计算机信息系统提前向海关申报和报关，海关根据快件运营人的申报，充分运用风险管理等原则，提前确定快件中哪些可以直接放行，哪些需要进行机检，哪些需要重点开拆查验，通关更加便捷。

（四）进出境快件的分类

1993 年，海关合作理事会与国际快件承运人大会（IECC）共同制定了《快件通关指南》（以下简称《指南》），该《指南》将快件分为四类，即文件类、低值免税类，低值应税类、高值类。1994 年，海关总署派员参加在曼谷举行的第一届亚太地区快件通关指南研讨会；1996 年海关总署在苏州承办了第二届亚太地区通关指南研讨会，对《指南》进行了认真对研究。《指南》虽然不是一个硬性的国际标准，但是其提倡的某些原则和对快件的分类是比较实际和科学的，特别适用于计算机化的通关。新加坡、日本、德国等国的海关也采取了类似的分类。为使我国海关对快件的监管更加规范化，并向国际上通行的做法靠拢，结合我国实际情况，1998 年海关总署发布《中华人民共和国海关对进出境快件监管办法》，其中对进出境快件进行了分类，A 类是指海关现行法律法规予以免税的无商业价值的文件、资料、单证、票据；B 类是指海关现行法规规定限值内予以免税的物品；C 类是指超过海关现行法规规定限值但不超过人民币 5000 元的应税物品，中华人民共和国法律、行政法规限制进出口的商品、配额管理商品不包括在内；D 类是指前三类以外的物品。此时进出境快件的属性被界定为物品，并进行限值管理和分类管理，监管更加细化和完善。

随着经济发展，进出境快件逐渐从一种物流行业的品类转变成了经济活动中的一部分，快件经营者开始主动承揽相关业务，大量低值货物如果采用一般贸易方式进境将增加相关企业的时间和经济成本。海关也根据需求，再次把货物属性赋予进出境快件。2004 年，修正后的《中华人民共和国海关对进出境快件监管办法》（以下简称《办法》）中重新定义了“进出境快件”，进出境快件是指进出境快件运营人以向客户承诺的快速商业运作方式承揽、承运的进出境货物、物品。该《办法》将进出境快件分为文件类、个人物品类和货物类三类：文件类进出境快件是指法律、法规规定予以免税且无商业价值的文件、单证、票据及资料；个人物品类是指海关法律规定自用、合理数量范围内的进出境的旅客分离运输行李物品、亲友间互相馈赠物品和其他个人物品；货物类是指前两条规定以外的快件。

随着跨境贸易产业的迅猛增长，国际快件作为跨境贸易主要物流方式也随之呈现暴发性增长。海关为提高通关效率，加大信息化技术运用，在2016年6月1日起正式启用新版快件通关管理系统，并出台《关于启用新快件通关系统相关事宜的公告》，将快件分为文件类进出境快件（简称A类快件）、个人物品类进出境快件（简称B类快件）、低值货物类进出境快件（简称C类快件）。明确B类快件的限量、限值、税收征管、检验检疫等事项应当符合海关总署关于邮递进出境个人物品相关规定。

2018年，出入境检验检疫管理职责和队伍划入海关总署，海关快件监管工作整合了海关和检验检疫对快件的监管原则和要求，发布《海关总署关于升级新版快件通关管理系统相关事宜的公告》（海关总署公告2018年第119号），统一快件分类并实施监管，分为文件类（A类）、个人物品类（B类）和低值货物类（C类）。A类、B类分类保持不变，只是在原海关监管要求上增加检疫类现场查处要求；C类快件按简化申报、快速通关原则，有检验检疫监管要求的部分转普通货物报关，按普通货物的监管要求实施监管，样品等法律法规免予检验的除外。

二、我国进出境快件检疫相关法律法规

我国对进出境快件的检验检疫的主要依据为《中华人民共和国进出口商品检验法》及其实施条例、《中华人民共和国进出境动植物检疫法》及其实施条例、《中华人民共和国食品安全法》及其实施条例、《中华人民共和国国境卫生检疫法》及其实施细则、《中华人民共和国认证认可条例》、《中华人民共和国生物安全法》、《中华人民共和国禁止携带、寄递进境的动植物及其产品和其他检疫物名录》（农业农村部、海关总署公告第470号）、《出入境快件检验检疫管理办法》（国家质检总局令第3号公布，根

据海关总署令第238号、第240号、第243号修改）（见附录8）等相关法律规定。

入境快件检疫中，非贸渠道的进出境快件主要为个人物品类快件（B类快件），关于检验检疫的事项主要适用于《中华人民共和国进出境动植物检疫法》及其实施条例中关于邮递进出境个人物品相关规定。B类快件中的禁止进境物品名录也与邮寄物一样，依据《中华人民共和国禁止携带、寄递进境的动植物及其产品和其他检疫物名录》（农业农村部、海关总署公告第470号）。对于其他类别的快件，依据相关法律法规实施检疫。

出境快件的检疫依据输入国或地区、寄件人的要求实施检疫，经检疫合格的可以放行。出境微生物、人体组织、生物制品、血液及其制品等卫生检疫特殊物品，以及血制品、动植物病原体、动物尸体、土壤、微生物等动植物特殊物品，则需要提供特殊物品检疫审批单，无法提供的不予出境；出境濒危物种资源的，须提供林业、农业主管部门的有关许可证书，否则不予出境。

三、主要国家和地区进出境快件检疫监管概况

当前，国外海关在进出境快件监管的先进做法主要包括加强企业合作、运用新技术手段和强化风险预警三个方面。

（一） 加强企业合作

西方发达国家（地区）海关注重培养进出境快件从业企业主人翁意识，建立企业之间、海关与企业之间平等合作关系，从而提高企业自治与自我修正能力，使原本普遍性地投入风险管理资源转变为有的放矢地投入风险管理资源，起到降低海关管理风险和从业企业经营风险"双赢"的目的。美国海关颁布《海关现代化法案》后，通过业务流程和管理手段的再造对相关业务的管理方式和监管模式进行了较为成功的转变，海关职能核心从监管、管理变为服务、合作、发展。具体体现在以下三点：一是快件业务经营者参与了相关战略及决策的制定，形成"协商共同体"；二是进出境快件业务管理流程上体现了"以客户为中心"的理念，海关在法律没有禁止的前提下最大化地满足快件业务经营者的利益和需要；三是应用企业守法便利理念，海关在监管相关从业者的同时，引导其遵守相关法律并为守法者提供更多的便利措施。

（二） 运用新技术手段

当前，越来越多的先进科技被运用于各国家（地区）海关的风险防控方面。一是大数据云计算。21世纪以来，许多国家（地区）和国际组织都认识到了大数据的重要作用，纷纷实施大数据战略，例如，2012年美国政府投资2亿美元启动大数据研究和发展计划，2013年英国政府投资1.89亿英镑用以发展大数据研究。通过大数据整合，能够实现实时海量信息的存储、共享、计算、分析，从而为海关业务监控和风险防控等功能的实现提供了有效途径。当前，美国海关已加快“单一窗口”的建设，国际贸易数据系统（International Trade Data System，ITDS）通过一个安全的“单一窗口”，传输可供收集、存储和共享的进出口数据元素，以满足美国海关审核放行的需要。二是物联网。物联网是指万物都可以通过互联网联接在一起，其核心技术在于射频辨别（Radio Frequency Identification，RFID）。利用物联网技术可以实现包括海关在内的整个物流运输链的各环节用户共享货物的动态信息，当前，物联网技术已被用于制造电子关锁、智能集装箱等，以提升海关的监管效率。例如，2015年全世界第一个智能集装箱诞生，由法国达飞轮船公司制造，可实时传输集装箱数据。

（三） 强化风险预警

为促进贸易便利化的发展，各国家（地区）海关大多摒弃传统的“关口”检查，而改为风险预警机制。当前，各国家（地区）海关大多以计算机为媒介，整合数据信息，构建风险管理网络系统，用以开展海关风险预警。例如，美国海关在“9·11”事件后开始实行现代化改革，以自动化商业环节（Automated Commercial Environment，ACE）的引入为标志，基于互联网整合各项通关程序，并设置相关操作系统，成为海关进口作业的单一平台。ACE的引入使美国海关通过包括自动舱单系统、自动报关界面、采购订货单、提单、预先提交货运通知书和相关单证文件等各种依法收集到的数据，能在电子信息网络迅速找到隐藏在集装箱中的危险品和大规模杀伤性武器。美国海关除加强海关自用系统风险管理外，还积极加强与联邦快件（FEDEX）、联合包裹（UPS）等快件企业的合作，共同开展试点项目，如与联合包裹（UPS）合作研发了风险目标锁定搜索系统等。荷兰海关的中央风险信息库中收集了大量与海关业务有关的风险分析信息，目的是为海关关员在风险识别、风险分析等方面提供有力的支持。另外，荷兰海关还将过去的运输工具抵达后进行风险分析改为货物抵港前进行风险分析，要求船只到港48小时前、飞机抵港数小时前，由船舶或空运代理公司向海关申报舱单，从而有效分析各项信息，便于对高风险企业和商品提前进行甄别。由于此项要求对舱单的申报要求较高，且要求务必准确，因此，对于舱单填报的内容及准确性都有一定的法律规定。

拓展阅读 “海淘”与国门生物安全

你“海淘”过吗？在国内网站下单后，没过几天，就收到了来自几千千米外的物品，十分方便。然而，这样简单的行为也许暗藏了巨大的风险。国门生物安全的主要威胁来自于人类活动，人类活动加速了生物的跨境传播速度。你在网上购买境外蜘蛛宠物寄到国内的家中，如图4-1所示，或者购买国外“奇亚籽”这种具有繁殖活性的植物种子做保健品，你以为这些行为都是简单而可控的，但是其实都对国门生物安全造成了威胁。因为“海淘”的蜘蛛宠物如果不小心逃逸，包装好的植物种子可能本身就是一种入侵生物，很容易定殖生长而破坏生态环境；这些生物因为没有天敌存在而大量繁殖，泛滥成灾，导致生态失衡。所以，这些看似很小的举动，可能会带来灾难性的后果。因此，需要我们用法律手段对其进行约束，强制要求人们为自己的行为负责，也为共同的家园负责。

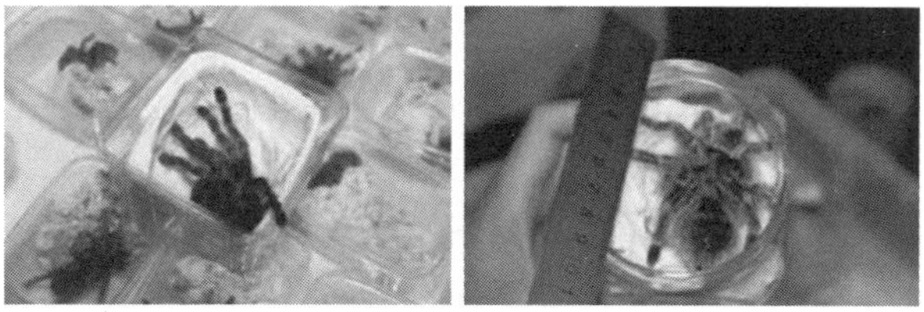

图4-1　进境快件中截获的宠物蜘蛛

动植物检疫管控是与传播外来有害生物和物种资源有关的人类活动，只有通过法律强制性手段才能有效控制，也是国家意志的体现和主权的象征，这就决定了保护国门生物安全必须以法律法规为依据。世界上的主要国家（地区），特别是农牧业大国，对进出境的个人物品实施检疫都有完善严格的法律规定，出入境的旅客携带物品及寄递包裹只有通过国家（地区）对外开放的口岸，并经口岸检验检疫机构完成查验和检疫手续后方可进出。这种强制性制度，正是国家主权的具体体现。有主权，才有安全。尤其在当前全球动植物疫情疫病形势依旧十分严峻，国家公共安全形势日趋复杂的情况下，只有充分行使主权，才能御威胁于国门之外，确保社会经济和生态环境的健康可持续发展。

第二节
进出境快件动植物检疫现场监管

一、进出境快件动植物检疫监管模式

我国海关对进出境快件的监管模式为“中心式监管模式”，即将一个关区所有的快件监管业务集中到一个符合海关监管要求的场所进行统一的监管，这个场所称为监管中心。在监管中心内，海关依靠先进的信息化管理系统和检查设备，与其他联检部门一同对进出境快件实行集中的实时专业化监管，整个中心就是海关的监管区，最大程度发挥海关的专业监管力量，强化了对快件的有效监管。这种做法将海关监管流程融入快件企业的作业流程之中，既能满足海关监管的需要，又能提高通关效率，为快件企业赢得了时间，符合快件大批量、一站式通关的特点和快件行业成立区域性网络中转分检中心的趋势，加强了快件物流的辐射功能，体现了建立现代海关制度和通关作业改革的要求，是其他先进监管手段的实现基础，也符合国际上发达国家（地区）的通行做法。虽然全国各海关的快件监管模式有所不同，但总体上都采取了这一原则。

快件渠道充分运用较成熟的电子数据交换（Electronic Data Interchange，EDI）技术。EDI 是一种便利贸易和物流的技术，采用约定的报文标准，从一台计算机向另一计算机进行结构化的数据传输。电子商务的迅速发展促进了电子物流的兴起，电子技术的应用有利于低成本、高效率、高利润的物流系统的建设。电子网络通关符合快件业的未来发展趋势，它按照统一规定的标准格式，将经济信息通过通信网络传输，在贸易各方的计算机系统之间进行数据交换和自动处理，消除了贸易过程中纸面单证的使用，高效率地传输发票和订单，从而使交易信息瞬间送达，由此提高了商流、物流和资金流的速度。

20世纪80年代，海关对进出境快件采用纸质逐票申报的方式，海关现场审核后进行其他业务流程。由于这种通关模式完全靠人工操作，所有需要完成的通关工作都集中在快件运抵监管现场后和放行之前的这一时段，速度不能满足快件的时效性要求。2001年成立的上海海关国际快件监管中心使用了基于EDI网络传输技术的快件通关管理系统，此后全国各关区在国际快件通关环节广泛应用EDI电子通关。快件公司在快件运抵海关监管区之前的规定时间内，通过专用或公共网络将海关要求的快件申报项目或其他感兴趣的内容按规定的电子报文格式传输给海关，海关能在快件实际抵达监管区之前及时地获取监管工作中需要的信息，比如物品类型、数量、价值、是否为检疫禁止进境物等，海关可以提前确定快件中哪些可以直接放行，哪些需要进行机检，哪些需要重点开拆查验。这样，海关在未见到快件实物的情况下就已经提前获取了将要处理的快件信息，并有时间结合其他信息资料对其进行分析，将很多在监管现场需要做的工作提前做完，减少了快件实际通关时的作业量，缩短了处理时间，加快了验放速度。

目前，我国非贸渠道进出境快件的通关主要运用新版快件通关管理系统。该系统在2016年正式上线，后来不断升级，提高了快件通关效率、提升了海关查验效能、加强了对快件渠道违规进境外来物种和有害生物的监管力度。通过应用计算机系统，进出境快件逐渐实现了申报信息和快件实物的同屏比对功能，建立了具有快件特色的信息化监管模式，提高了行政执法效率，营造了迅捷的通关环境，并借此在入境快件中多次截获乌龟、果蝇、小麦、带土盆栽、牛血清等动植物及其产品，为守护国门安全筑起了坚实的防线。

由于进出境快件相对于货物简化了报关手续，通关速度快，对于海关工作来说，更具风险。特别是在动植物及其制品等入境快件中，往往蕴藏着较高的检疫风险。2020年2月17日，上海浦东国际机场海关从国外进口（快件方式）的3.5kg番茄种子中取样送检，上海海关动植物与食品检验检疫中心从中检测出番茄褐色皱果病毒（*Tomato brown rugose fruit virus*,

ToBRFV)，为全国口岸首次截获。番茄褐色皱果病毒可通过种子远距离传播并在受感染的种子中存活数年，可造成番茄、辣椒产量下降，在果实上造成“褐色皱纹症状”，严重影响果实品质。针对该病毒，美国、澳大利亚和欧盟等多个国家（地区）发出了紧急措施通报。2021 年 4 月，此病毒被列入《中华人民共和国进境植物检疫性有害生物名录》。

2020 年 11 月 12 日，深圳海关关员对入境的快件进行机检查验时，发现 3 件申报为“塑料试管”的图像存在异常，疑似有夹藏。现场关员结合以往查获情况，发现此 3 件高度符合“地区+品名”组合参数，判断该快件很有可能伪报品名并有极高的检疫风险。通过进一步开箱检查，发现 3 件快件内均为锡纸包裹的塑料试管，每只试管内分别装有 1 只活体蚂蚁，共 900 只，经鉴定为惠勒须蚁（*Pogonomyrmex wheeleri*），如图 4-2 所示。这种蚂蚁攻击性强，极度好战，是北美平均体型最大的须蚁。该蚁一旦传入，可能对我国生态环境和居民人身健康造成严重威胁。

图 4-2　从进境快件中截获惠勒须蚁

（深圳海关提供）

二、进境快件检疫监管流程

我国进境快件海关现场监管作业流程主要是“审单—查验—征税—放行”。一是审单。目前大部分单证审核工作由系统完成，只有少部分单证会转为人工审核。现场审单关员对单证的真实性和准确性进行验证，包括品名、规格、数量、重量、归类、价格、原产地等要素进行确认，若发现申报不符则要求申报人重新申报或补充说明。二是查验。海关查验的目的是确保没有违禁品并保证实物与单证申报相符。三是征税。目前海关对快件渠道各类进口快件主要征收关税、个人物品税等，现场开具税单。四是放行。对查验异常的商品进行扣留或退运，后续根据实际情况进行处理；对查验正常的可办理放行手续，并通过国内快递公司进行派送。

海关应用快件通关管理系统，审核进出境快件清单、检疫许可证、输出国（地区）官方检疫证书等相关检疫单证。对于进境快件，首先，海关工作人员执行布控指令并审核单证，根据信息判定是否需要相关单证。来自疫区的进境快件，或者含有需提供检疫审批手续、实行许可证制度管理物品等的进境快件，作暂扣处理，并通知快件运营人提供有关证单或补办相关审批手续。其次，对来自非疫区的进境快件，或者不含需要提供检疫审批手续、实行许可证制度管理物品的进境快件，由工作人员进行现场检验检疫；对进境快件所使用或携带的木质包装物、铺垫材料，参照进境货物木质包装材料的现场检疫方法进行现场检疫；查验进境快件中是否含有《中华人民共和国禁止携带、寄递进境的动植物及其产品和其他检疫物名录》内物品，是否带有属于濒危物种名录中的动植物及动植物产品。最后，工作人员还应做好查验登记记录工作。

（一）进境快件的审单

审单依据的是快件运营人申报的信息。海关在快件通关管理系统中加载通道决策条件参数、风险参数和风险布控指令，通过比对快件运营人申报的电子信息，对进出境快件内容物进行判别。因此，申报是进境快件检疫监管工作中重要的环节。进境快件自运输工具申报进境之日起 14 日内，向海关申报。A 类、B 类、C 类快件报关需要的材料分别为报关单、总运单、每一快件的分运单、发票。海关根据情况，可以要求运营人在物品放行前提供与物品有关的详细书面资料。进出境快件运营人提交相关单证电子信息进行申报的及按照规定提交复印件的，海关可要求快件运营人提供原件验核。通过快件渠道进出境的除 A 类、B 类和 C 类快件以外的其他货物、物品，应当按照相关对进出境货物、物品的现行规定办理相关手续，可以在快递类海关监管作业场所办理。

经营进出境快件的运营人负有一系列的义务，在申报方面，应及时向海关呈交快件通关所需的单证、资料，并如实申报所承运的快件；通知收、发件人缴纳或代理收、发件人缴纳快件的进出口税款，并按规定对进出境快件缴纳规费、监管手续费等；除经海关准许的情况外，应当将监管时限内的快件存放于专门设立的海关监管仓库内，并妥善保管。未经海关许可，不得将监管时限（进境快件自运输工具向海关申报起至办结海关手续止；出境快件自向海关申报起至运输工具离境止）内的快件进行装卸、开拆、重换包装、提取、派送、发运或进行其他作业；海关查验快件前，运营人应当对快件进行分类。海关查验快件时，运营人应当派工作人员到场，并负责快件的搬移、开拆、重封包装等；一旦发现快件中含有禁止入境的物品，不得擅自处理，应当立即通知并协助海关进行处理。

通过快件渠道入境动植物及其产品时，需要提前办理检疫审批手续，如入境植物繁殖材料，在申报时需要提供"引进种子、苗木检疫审批单"或者"引进林木种子、苗木和其他繁殖材料检疫审批单"，因特殊情况无法事先办理检疫审批的，可以申请补办；其他应当办理动植物检疫特许审批的禁止进境物作为快件入境的，货主或者其代理人应当提供海关总署签发的进境动植物检疫许可证；入境栽培介质在申报时需要提供海关总署出具的中华人民共和国进境动植物检疫许可证；入境快件携带木质包装的，需要进行正式报关，接受包装材料检疫；入境生物物种资源需要提供有关部门的批准证明；濒危野生动植物及其产品、出境国家（地区）重点保护的野生动植物及其产品，需要提供国家（地区）濒危物种进出口管理机构签发的允许进境证明书，并在《中华人民共和国濒危野生动植物进出口管理条例》规定的指定口岸进境；入境快件为活动物的，应提供输出国家（地区）官方动物检疫机构出具的有效检疫证书和疫苗接种证书；未加工的皮毛绒、鬃、尾、骨、蹄、角、动物油脂以及动物源性饲料，需要提供中华人民共和国进境动植物检疫许可证和输出国家（地区）动物检疫证书；加工过的皮毛绒需要提供输出国家（地区）动物检疫证书；入境转基因生物材料，需要提供农业转基因生物安全证书和输出国家（地区）官方机构出具的检疫证书。列入农业转基因生物标识目录的进境转基因生物，应当按照规定进行标识，还应当提供国务院农业行政主管部门出具的农业转基因生物标识审查认可批准文件；《中华人民共和国进出境动植物检疫法》中规定的禁止进境物、动植物病原体（包括菌种、毒种等）、害虫及其他有害生物，动植物疫情流行的国家（地区）的有关动植物、动植物产品和其他检疫物，动物尸体，土壤等作退运或销毁处理，因科学研究等特殊需要，进境相关动植物及其产品应当事先向海关总署申请办理动植物检疫特许审批手续。

（二）进境快件的查验

进境快件的查验在进境快件监管场所进行，以现场检疫为主，有特殊情况的，取样作实验室检疫。查验模式分为 X 光机/CT 机检查、海关检疫人员人工查验及监管工作犬搜查检疫三种方式。

X 光机/CT 机检查具体为海关在进出境快件监管场所配备 X 光机或 CT 机，通过 X 光机或 CT 机成像对进出境快件进行检查，发现可疑快件予以开包查验。人工查验具体为海关检疫人员对进出境快件面单或面单电子信息进行人工审核。通过人工审核或信息化系统集中审核，对可疑快件进行拦截并开包查验。监管工作犬搜查具体为通过监管工作犬实施查验，对监管工作犬有示警反应的可疑快件进行开包查验。

目前，对进出境快件进行检疫主要依靠海关人员对申报信息和快件实物 X 光机/CT 机图像的同屏比对。全国海关快件查验场都配置了 CT 机、X 光机，实现了一体化作业，减少了逃检、漏检现象，提高了禁止进境物的截获率和工作效率。2021 年，上海浦东国际机场海关工作人员在对进境快件开展在线检查时，发现一票可疑快件。工作人员迅速将其下线查验，发现该票快件申报品名为“洗衣液”，申报价值为“155 美元”，实货为疑似植物果实 5 枚、重 4 kg。经上海海关动植物与食品检验检疫中心鉴定，确认为猴面包树（*Adansonia digitata*）果实，如图 4-3 所示。未经检疫的植物果实可能携带多种有害生物，一旦进入我国将为害我国农作物，破坏我国生态环境与国门生物安全。

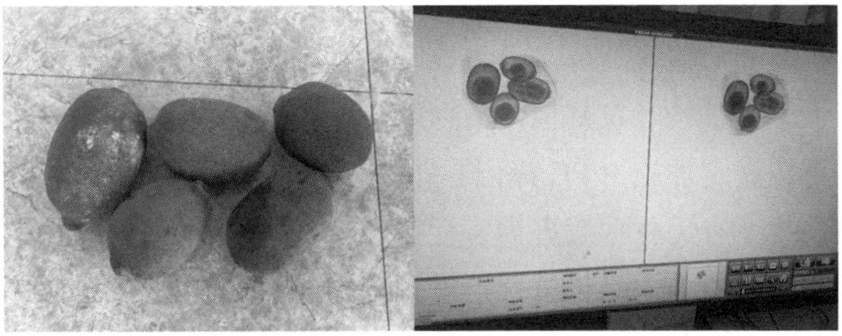

图 4-3　从进境快件中查获的猴面包树果实

（上海海关提供）

海关查验进出境快件时，快件运营人应派员到场，并负责进出境快件的搬移、开拆和重封包装。海关对进出境快件中的个人物品实施开拆查验时，快件运营人应通知进境快件的收件人或出境快件的发件人到场，收件人或发件人不能到场的，运营人应向海关提交其委托书，代理收/发件人的义务，并承担相应法律责任。海关认为必要时，可对进出境快件予以径行开验、复验或者提取货样。

海关检查进出境快件时，需要按照应检物的不同属性，采用不同的现场检疫查验方法。对易滋生植物害虫或者混藏杂草种子的动物产品，如羊毛，同时实施动物检疫和植物检疫。当检查进境植物产品时，一般首先检查植物的外表和周围，然后由表及里仔细观察。比如寻找害虫的尸体、蜕皮、排泄物、巢茧和为害状，以及杂草的果实、种子等。对于粮谷、油料、干果、生药材、烟叶等，则往往需抽取不同部位的样品，仔细检查。某些现场检疫查验出的有害生物需要进一步进行实验室检测，以确定疫病或有害生物的种类，因此还需要进行针对性采样。

2014 年，上海海关检疫人员在快件进境的羊毛中连续七次截获检疫性有害生物平滑苍耳（*Xanthium strumarium* var. *glabratum*）。快件来自多个国家（地区），涉及多家快件企业。这七批快件均以低价值快件进行了电子申报，均为未经梳理的羊毛，无官方检疫证书，在口岸现场进行检疫查验、初筛，发现有多种杂草，取样送至实验室作进一步检测、鉴定，均检出检疫性有害生物平滑苍耳，还截获了检疫性杂草疏花蒺藜草（*Cenchrus spinifex*）、旱雀麦、墙大麦、野燕麦、多花黑麦草、苜蓿草等多种杂草类有害生物。此外，在这些羊毛中还截获了土块、动物粪便等禁止进境物。

进出境快件的外包装和运输容器等也需要实施动植物检疫，核查进出境快件外包装和运输容器等是否符合动植物检疫要求，是否携带虫体、霉菌、杂草、土壤、枝叶及其他污染物等情况；核查木包装情况，查看木质包装上是否按规定加施 IPPC 标记，并仔细查看有无活虫、禁止进境物等，检查木质包装上有无林木病害为害症状。有些情况下，还可能需要进行抽采样并送实验室检测。对于符合检疫处理指征的实施检疫处理，进出境快件运营人应配合海关工作。

2020 年，上海海关对一批快件渠道进境的木包装实施检疫时，发现此批入境快件的木质托盘带有虫蛀迹象。海关关员在实施剖检取样、预防性灭害除虫喷洒后，如图 4-4 所示，将该木质托盘隔离封存，经相关技术中心鉴定，确认该虫样为检疫性有害生物——异胫长小蠹属（非中国种）

[*Crossotarsus* spp.（non-Chinese）]。异胫长小蠹属（非中国种）为鞘翅目、长小蠹科，为杂食性害虫，分布于印度、缅甸、马来西亚、越南等，寄生于针叶树、阔叶树，能随寄主远距离传播，可危害整个木质部，钻蛀孔洞，降低木材使用价值，一旦传入，将对我国林业和生态安全造成严重威胁。该批木质托盘最后在海关的监督下实施了熏蒸除害处理。

图 4-4　海关在对木质托盘进行检疫取样

（上海海关提供）

2011 年 12 月 21 日，某公司作为承运人以快件方式申报了一批品名为“铝晶玻璃杯”的进境快件，口岸检疫人员对该批货物进行了现场查验，发现报检信息与实际情况不符，实际货物为 28 个活乌龟，如图 4-5 所示。该案于 2012 年 1 月 10 日被批准立案，根据调查结果，当事人的行为违反了《中华人民共和国进出境动植物检疫法》第十二条规定，依据《中华人民共和国进出境动植物检疫法实施条例》第五十九条第一款第（一）项的规定，口岸检疫机构对其进行了行政处罚。

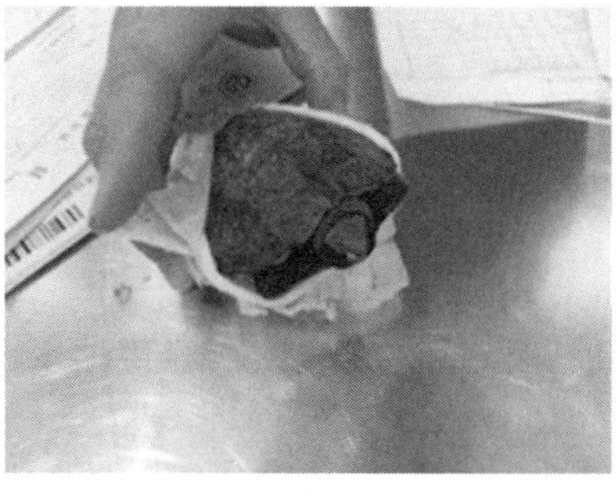

图 4-5　从快件中截获的活乌龟

（上海海关提供）

（三）进境快件的检疫处置

海关通过检疫查验对快件是否具有检疫风险进行判定，从而进行检疫处置。进境快件的检疫处置包括合格放行、检疫处理、退回或销毁。

1. 合格放行。进境快件经检疫合格的，或者经检疫不合格但经实施有效检疫处理，符合要求的，予以放行。

2. 检疫处理。进境快件经检疫发现被检疫传染病病原体污染的或者带有动植物检疫危险性病虫害的以及根据法律法规规定须作检疫处理的，海关应当按规定实施卫生、除害处理。检疫处理的方式是多种多样的，如化学处理方式、物理处理方式等，对于不同类型的快件，须采取相应的措施。

比如，2021 年 4 月，上海海关在进境快件中发现其中 1 个木质托盘有染疫现象，经剖开检查，检出一只活虫，经鉴定为检疫性有害生物——橡胶材小蠹（*Xyleborus affinis*），该有害生物为害橡胶树，严重影响橡胶产量。海关关员在实施剖检取样、预防性灭害除虫喷洒后，如图 4–6 所示，将该木质托盘隔离封存，最后该染疫的木质托盘在海关的监督下实施了熏蒸除害处理。

图 4–6　对入境木质托盘实施预防性灭害除虫喷洒

（上海海关提供）

3. 退回或销毁。退回，是将不准入境的快件退给发货方，不予以入境。销毁，即用焚烧、深埋和其他方法处理携带有害生物的检疫物。进境快件中，属于《中华人民共和国禁止携带、寄递进境的动植物及其产品和其他检疫物名录》内的物品，物主不能提供相关审批文件和输出国家（地区）官方检疫证书的，作退回或者销毁处理。对于水果、种苗、活体昆虫等不易保存，又有较大扩散风险的物品一般直接作销毁处理。不在上述名录内的物品，经检疫不合格且无有效除害处理方式的，作退回或者销毁处理，并出具有关证明。对出境快件作出退回或者销毁处理的，海关应当办理有关手续并通知快件运营人。

另外，海关对进出境快件需作进一步检疫处理的，可予以封存，并与快件运营人办理交接手续。

三、出境快件检疫监管流程

出境快件在其运输工具离境3小时前，应当向海关申报。出境微生物、人体组织、生物制品、血液及其制品等卫生检疫特殊物品，及血制品、动植物病原体、动物尸体、土壤、微生物等动植物特殊物品，必须提供特殊物品检疫审批单，无法提供的不予出境。濒危物种资源快件出境的，须提供林业、农业主管部门的有关许可证书，经查验后放行；无法提供的，海关将不予出境。

出境快件的查验方式与入境快件相同，不同之处为出境快件检疫查验时，主要根据输入国家（地区）或寄件人的有关要求实施检疫。

拓展阅读　多肉虽萌，切不可随意邮寄进境

娇嫩的颜色，乖萌的姿态，可爱又好养……没错，说的就是多肉植物。多肉植物仿佛一夜之间火遍祖国大江南北，无论是资深植物爱好者还是业余玩家，纷纷养几株放在案头，许多人甚至把目光伸向了海外，用各种方法获取更新颖独特的品种。作为多肉玩家，可不可以从网上购买境外的植物呢？

我们先来说一说什么是“多肉植物”。

多肉植物是指植物的根、茎、叶三种营养器官至少有一种是肥厚多汁并且具备储藏大量水分功能的植物。在植物根系没办法供应水分时，它们也能依靠肉质组织所储藏的水而生存一段时间。

常见的多肉植物大多数为仙人掌科、番杏科、大戟科、景天科等植物，尤其是全科为多肉植物的仙人掌科和番杏科，分别有2000余种和2500余种多肉植物，如图4-7~图4-10所示。

图 4-7　仙人掌科多肉植物——龟甲牡丹

图 4-8　景天科多肉植物——吉娃莲

图 4-9　番杏科多肉植物——生石花

图 4-10　大戟科多肉植物——筒叶麒麟

胖胖萌萌的形态来自于多肉植物进化出的肉质组织，是植物适应长期干旱环境所进化出来的营养器官，因此很多多肉植物原本生长在沙漠、山脊等贫瘠地区。比如仙人掌科岩牡丹属多肉植物——龟甲牡丹（*Arioscarpus fissuratus*），它们原本生活在美国的得克萨斯州和墨西哥干燥的石灰岩山脊或灌木丛中，伪装成石灰岩的样子，仅在开花时暴露自己的容颜。然而，由于被人类所“青睐”，引得不少不法之徒在原产地盗挖龟甲牡丹，同时由于自身生长又极其缓慢，野生龟甲牡丹已经十分稀少了，它被列入《濒危野生动植物种国际贸易公约》（CITES）附录Ⅰ中，严禁国际贸易。

随着国际网络交易的普及，一些多肉玩家和商家便企图通过网购的方式“偷渡”诸如龟甲牡丹这类国内稀少且价格昂贵多肉植物，海关多次从境外邮寄的包裹中发现多种多肉植物，这些多肉植物没有经过检疫，有的还携带植物病毒、介壳虫等有害生物，对国内生态安全造成极大威胁。

不仅如此，作为生长在贫瘠环境的多肉植物，在来到我国之后，生长环境骤然改变，没有了原来的天敌，有的多肉植物可能会摇身一变，成为张牙舞爪的入侵生物，那时恐怕不会再有人觉得它们可爱了。

《中华人民共和国禁止携带、寄递进境的动植物及其产品和其他检疫物名录》（农业农村部、海关总署公告第470号），种子、种苗及其他具有繁殖能力的植物、植物产品及材料禁止携带或寄递进境，如需引进，需经国家有关行政主管部门审批许可，并具有输出国家（地区）官方机构出具的检疫证书。多肉虽萌，切不可随意进境！

第三节
进出境快件国门生物安全风险及应对举措

一、进出境快件的国门生物安全风险

近年来，由于跨境电商以及国际物流业的蓬勃发展，进出境快件的数量成倍增长，随之而来的生物安全风险日益加大。进境快件携带的有害生物具有传递迅速、种类多、来源广和疫情复杂多样、易于隐藏等特点，是疫病疫情扩散传播的不可忽视的途径。进境快件具有其特殊的风险因素。

（一）快件业发展迅猛导致数量激增

随着经济全球化和电子商务的深入发展，跨境电商依靠互联网和国际物流，以门槛低、环节少、成本低、周期短等优势，在全球范围内蓬勃发展。我国跨境电商增长也十分迅速。跨境电商给进出境营销渠道带来巨大变化，越来越多的消费者直接通过跨境网络平台选购自用商品。“海淘”“海代”成为流行的购物方式。跨境电商的B2C和C2C模式涉及个人客户，这些个人客户的物品往往通过邮件或快件的方式进行运递。2016年，财政部等11个部委共同公布了“跨境电子商务零售进口商品清单”，此后，只有列入清单的商品能够按照跨境电商的税制进口，其他产品则要按照一般贸易或其他商品行邮的税制进口，这些商品仍然以个人物品的形式通过快件、邮件渠道通关，因此，在跨境电商迅速发展的环境下，通过快件渠道进境的网购个人自用物品数量也迅猛增长。

随着人民生活水平的提高，从境外网购动物源类营养品的现象屡见不鲜，此类禁止邮寄物查获数量也随之增多。有的动物源类营养品制作、形成过程没有明确标准，安全卫生状况难以把握，可能携带检疫性有害生物，是禁止进境的物品。2014 年 12 月 7 日，天津海关检疫人员在对进境快件进行查验时，在申报为“鹿筋胶囊”的快件中截获整箱带有血污的鹿舌、鹿筋制品，重量达 4 kg，这些动物产品均属于禁止携带、邮寄进境的物品。

“海淘”所带来的威胁不仅仅在动植物产品上，有时玩偶也会夹带有害生物。2015 年 4 月 13 日，宁波海关检疫人员对一批入境快件进行查验时，截获一个小熊玩偶，该玩偶填充物为植物种子，由市民个人通过网站在境外购买。经实验室进一步检测，该批植物种子主要为亚麻籽，夹杂了曼陀罗属、小巢菜、南苜蓿、野油菜等多种杂草种子，共计 207 g，且经萌发实验证实其具有繁殖能力，如图 4-11 所示。这些植物种子给我国生态环境带来多种潜在威胁，曼陀罗属植物全株有剧毒，尤以果实毒性最大，嫩叶次之；小巢菜是麦田的主要杂草之一，具有适应性广、繁殖速度快、生活力强的特点，与作物争肥、争光、争水的能力十分突出，对农作物危害严重；南苜蓿又为朝鲜黑龟甲虫、小地老虎、棉实夜蛾、玉米夜蛾、苹果叶螨的媒介，也是炭疽病、白粉病和霜霉病的寄主，有时还会侵入农田，危害小麦、油菜等夏收作物，造成间接危害；野油菜能在夏收作物田中大量生长，危害麦类、油菜等作物。

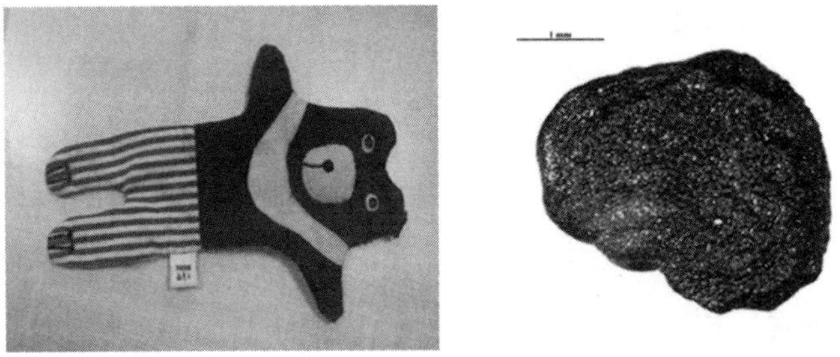

图 4-11　夹带植物种子的小熊玩偶及曼陀罗种子

（宁波海关提供）

（二）寄递物种类繁多导致疫情复杂

快件种类繁多，其不再仅仅是亲友间的传递物品，而逐渐向社会生产生活等方面渗透。进境快件个人物品按照来源可以分为亲友赠送物品、个人自用旧物品、网购个人自用物品等。种类有服装、电子产品、玩具、食品、保健品、化妆品等，这其中就不乏有个人物品涉及植物繁殖材料、肉类制品、特殊物品等高风险产品，种类复杂，存在多种国门生物安全风险。其与进境大宗货物不同，大部分私人行为寄件人或不了解我国检疫政策，或者存在侥幸心理，事先未办理检疫审批或许可手续，更未对可能存在的疫情实施相应的密封或检疫处理。

近年来，我国高度重视生物产业发展，将其列为国家战略性新兴产业之一。生物产业是一个创新驱动型的产业，离不开各种实验生物材料。我国生物产业起步晚，生物材料还主要依靠进口，而多数生物材料的进境是需要收件人提前办理审批的。进境动植物源性生物材料种类多、来源广、风险复杂。快件因其时效高，成为动植物源性生物材料进境的渠道之一。在快件渠道截获的动植物源性生物材料主要有动物源性培养基、动物源性抗体、血清白蛋白等。

2011 年 2 月 12 日，上海某公司以快件方式进口了一批货物，申报品名为“蛋白酶”。该公司声称货物的主要成分为纤维素、淀粉、水解蛋白酶。上海海关检疫人员对该批货物进行了现场查验，发现货物品牌和型号均与申报不符，外包装印有“bovine serum albumin diagnostic grade”字样。2011 年 3 月 10 日，收货人提供正本情况说明，承认该批货物是牛血清白蛋白。该案于 2011 年 3 月 18 日被批准立案，并展开进一步调查工作。经查明，该公司未确认该产品的详细成分，便按以前进口的固定格式提交了情况说明，导致该批货物的实际情况与原报检货物情况不符。当事人对此确认无误。根据调查结果，当事人的行为违反了《中华人民共和国进出境动植物检疫法》相关规定，该案事实清楚，证据确凿。依据《中华人民共和国进出境动植物检疫法实施条例》的规定，对其进行了行政处罚。

（三）违禁物易于隐藏导致风险加大

进境快件由于快件企业相对固定，通常会如实申报，但是仍然存在伪报品名、夹藏违禁物的可能性，检疫风险不容小觑。2020 年 7 月 16 日，大连海关在快件监管现场进境快件中发现一个申报品名为“塑料包装盒及聚氨酯泡沫”的快件包裹。过机查验时从 CT 机图像中发现该快件内疑似装有大量昆虫，现场关员立即开箱查验，查获螳螂共计 654 只，鉴定为魔花螳螂（*Ldolomantis diabolica*）。2020 年 7 月 28 日，大连海关从进境快件中截获41枚卵鞘，鉴定为魔花螳螂卵鞘，如图4-12所示。这些昆虫作为新型宠物引入我国，如遭到弃养或发生逃逸，很可能对原有生态或附近的农林业正常生产造成威胁，严重危害我国生态安全。

图4-12　从进境快件中截获魔花螳螂卵鞘

（大连海关提供）

2020年5月20日，北京海关查验人员在对一批快件进行查验时，发现一单申报为“婴儿辅食”的进境快件，结合其快件的重量、大小且品名为“Zebra fish emrbyos”的发票单据，现场关员判断该货物有极高的检疫风险，开拆后，内装有鱼苗6瓶，后经技术中心鉴定为斑马鱼丹（*Brachydanio rerio*）鱼苗，如图4-13所示。入境未经海关检疫的斑马鱼丹可能携带外来水生动物病原体，从而导致水生动物疫病的传播和暴发。

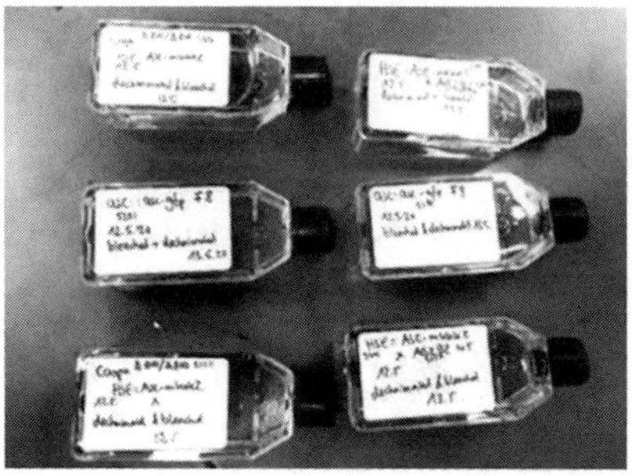

图4-13　从进境快件中查获的斑马鱼丹

（北京海关提供）

通过分析近年来进出境快件监管工作中截获的案例，发现伪报、瞒报、夹藏禁止进境物品现象层出不穷。究其原因，存在快件企业或所有人不如实申报，有意逃避检验检疫监管的可能；也有快件企业或所有人对快件所寄递物品了解不充分，在申报时无法准确提供有关信息的可能。海关获取的快件信息主要来自快件企业的申报和航空货栈的信息，若获取的快件信息不准确，会给监管工作带来非常大的挑战。

二、进出境快件检疫风险应对举措

（一）构建企业诚信体系，进行企业分级管理

根据企业的日常进出境的快件清单、截获敏感商品的次数、违法违规行为的次数等信息和数据构建企业的诚信体系，对企业进行分级管理，诚信越好的企业等级就越高，针对不同的等级实施差别化管理，对等级低的企业进行重点监管，并加大查验力度，由此来提高管理的科学性和监管的效率性。通过对企业的月度考核、年审、现场考核等，对企业材料的真实性进行审查，包括企业办理检验检疫相关工作的硬件条件、入境快件报关和电子申报的软件条件、与检验检疫相关的企业内部管理制度执行情况、入境快件操作流程的执行情况、快件仓库卫生管理情况及其他相关内容。创新监管模式，对企业分级评估其信用，建立企业信用档案，对失信企业加强重点监管，为诚信企业提供优化的便利措施，在报关和查验工作中给予诚信企业通检便利。

（二）加强风险控制管理，科学提高查验效率

2018 年出入境检验检疫的职责和队伍划入海关，关检融合后，海关总署提出“查检合一”的监管模式，其中对于进境动植物检疫，海关总署各相关司局统一设置一级风险参数，包括法定检疫项目，海关总署发布的疫病疫情公告，以及动植物检疫司、卫生检疫司发布的疫病疫情预警，并下达一级风险布控指令，直属海关各业务职能部门提出检疫防控需求、布控要素、布控环节和处置要求，统一提交至本级风险防控分局设置二级风险参数，下达二级风险布控指令。海关总署风险管理司、海关总署风险防控局（上海）和直属海关风险防控部门是我国进出境快件风险管理的核心部门，也是风险信息采集、分析并转化成风险指令的作业部门。风险管理部门运用预定式（含抽样式布控）、即决式布控（含紧急式布控）和风险参数判别等处置手段，依托审单作业和实货监管，统筹实施对进出境快件的口岸风险管理。具体通过以下流程进行快件领域风险的处置：（1）根据现场的具体实际，将各类快件涉及重点敏感货物（物品）有关风险处置措施

及时转化为风险参数指令作用于快件进出境通关监管环节；（2）现场海关根据所收到的风险指令完成具体监管作业并将结果反馈给风险管理部门，同时如在现场自主查发有关风险可将具体风险情况反馈给风险管理部门，现场海关通常可以作退运、检疫处理、转一般贸易报关、退回报关单重新申报等处置方式；（3）风险管理部门根据风险指令的绩效来动态调整参数设置，完善风险指令。人工精准布控、抽样布控等多种方式相结合对出入境快件进行查验，增加查验人员和设备，把人工查验与机检查验相结合，提高检出率。

通过风险控制，现场工作人员根据指令进行重点查验，更容易发现具有检疫风险的进出境快件。2020 年 6 月 30 日，郑州海关根据布控指令，对 1 件寄自波兰，申报品名为“塑料模型零件”的进境快件进行查验时，发现快件内装有 262 只长试管，每只试管内分别装有 1 只大型活体蚂蚁，体长约 1.5 cm，如图 4-14 所示。这些活体蚂蚁一般作为新型宠物被引入我国，如遭到弃养或发生逃逸，很可能成为入侵物种，威胁本地物种，破坏我国生态环境，危害农林业生产和人身安全。

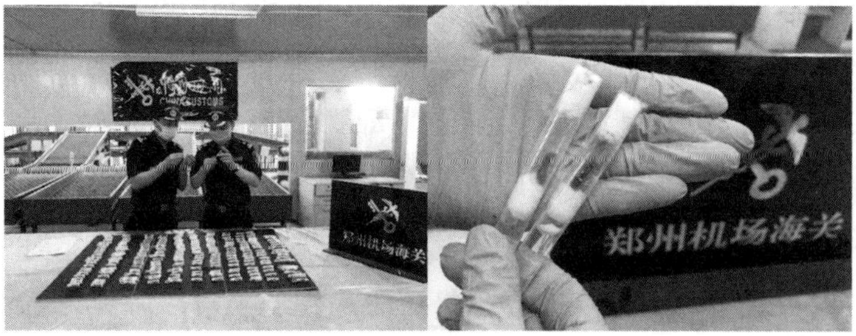

图 4-14　从进境快件中截获 262 只大型活体蚂蚁

（郑州海关提供）

（三）加强对企业和公众进行宣传，从源头上降低风险

随着全球化网络贸易、跨境电商等新生贸易方式的迅速发展，各类存在检疫风险、企图蒙混过关的国际快件层出不穷，在“便利化”通关的背景下，海关提供了无纸化申报、电子指令放行等一系列便利措施，但如何实行有效监管，是亟待解决的新课题。

加强法律法规宣传力度，提高企业遵纪守法的意识，落实快件运营企业主体责任，在揽货时加强内件验视，对快件内部人员加强进出境动植物检疫相关法律法规培训。快件货物有许多不同于空运、海港普通货物的特殊性，其批次多、数量小、种类繁杂，只有充分了解并遵守相关法律法规，快件企业才能真正地健康发展，加强行业竞争力。海关与企业也应加强沟通，及时、有效地为企业提供法律法规服务，引导企业自觉遵守相关法律法规，诚信经营、守法经营，避免违法违规事件发生，努力营造进出境快件运营企业良好的经营环境。通过召开政策宣传会、张贴海报、派发宣传单、媒体宣传等多种手段在企业和公众中普及国门生物安全相关法律法规，加深他们对法规的认识和了解，让企业和公众自觉拒绝进境负面清单和高敏感商品清单上的商品，在源头上杜绝逃避海关监管现象的发生，从而提高整个进出境快件的监控效果。

2016 年 3 月，中国邮政速递物流股份有限公司等 20 余家邮快件运营商、平台商、寄递业和跨境电商代表在厦门共同签署了“维护国门生物安全承诺书”，承诺携手同心共同维护国门生物安全。这些商家是在厦门邮快件口岸“美丽中国 · 绿蕾护航”专项行动中签署的这一承诺书。“美丽中国 · 绿蕾护航”专项行动是在全国范围内统一开展的打击非法携带、邮寄植物种子、种苗进境行为的专项行动，国际邮快件作为商品流动的重要手段，也日益成为各类有害生物、疫情疫病和禁止进境物非法进境的重要途径。“美丽中国 · 绿蕾护航”行动促进了全社会形成共建共治维护国门生物安全的局面。

2021 年，海关启动打击非法引进外来物种和种子苗木“国门绿盾 2021”行动，持续巩固和提升口岸把关能力，维护国家生态安全和生物安全，保障种业健康发展。行动要求密切关注邮件、快件、跨境电商等渠道，结合大数据、智能化手段提升查获非法寄递种子苗木的成效。这些举措说明了我国越来越重视生态保护与生物安全，而进出境快件的国门生物安全防控是其中十分重要的一环。

拓展阅读 什么是“国门绿盾”行动？

近年来，随着世界经济全球化进程地不断加快，外来生物入侵对我国造成的危害日益加剧。同时，由于公众对保护生物物种重要性的认识不够，我国生物物种资源丧失较为严重。海关作为国家的“守门人”，肩负着防范重大动植物疫情疫病及外来有害生物传入传出、防止外来物种入侵、保护生物多样性等重要使命，是国门生物安全防护的重要力量。

2021年3月31日起，海关总署启动打击非法引进外来物种和种子苗木“国门绿盾2021”行动，持续巩固和提升口岸把关能力，维护国家生态安全和生物安全，保障种业健康发展。行动中，海关严厉打击非法引进外来物种，依法严格动植物种质资源引进和科研用途动植物检疫特许审批，严厉打击不法个人、单位非法引进、携带、寄递、走私外来物种。同时，密切关注邮件、快件、跨境电商等渠道，结合大数据、智能化手段提升查获非法寄递种子苗木的成效。重点关注农作物和蔬菜种子、观赏植物等，严厉打击非法携带种子苗木等违法行为，如图4-15~图4-17所示。

图4-15 “国门绿盾2021”行动中宁波海关从进境快件中查获茨欧鼠尾草籽

（宁波海关提供）

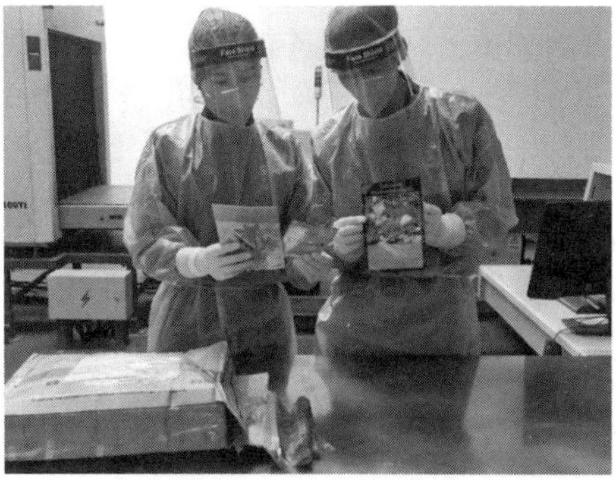

图4-16 “国门绿盾2021”行动中拉萨海关在进境邮件中查获植物种子

（拉萨海关提供）

图 4-17　“国门绿盾 2021”行动中杭州海关从进境邮包中查获 145 只活体蛙

（杭州海关提供）

第五章
跨境电商动植物检疫

CHAPTER 5

与一般传统型国际贸易相比，跨境电商具有进境货物碎片化、监管对象分散化、检疫监管复杂化等特点，如何从加强顶层设计、创新监管方式等方面着手，建立起全方位的跨境电商国门生物安全防控体系，严防各类动植物疫情疫病和外来物种通过跨境电商渠道传入，显得尤为迫切和必要。

第一节 跨境电商概述

跨境电商里的“境”指“关税国境”，亦称“关境”。“跨境”则是指该交易行为的主体分属不同的关境。“电商”从其诞生之初到如今，其含义已经发生了很大的变化，并衍生出了学术语境、海关监管语境下的多个版本。本节仅介绍海关监管语境下的跨境电商。

一、海关监管语境下的跨境电商

（一）跨境电商海关贸易方式

跨境电商是指分属不同关境的交易主体，通过电子商务平台达成交易意向、进行支付结算，并通过跨境物流传递商品、完成交易的一种国际商业活动。根据贸易对象的不同，跨境电商主要分为三大类型：一是企业对企业（Business-to-Business，B2B），即境内外企业之间的交易；二是企业对消费者（Business-to-Consumer，B2C），常见的境外“海淘”平台即属于此种类型，消费者从境外的电商平台直接购买商品后通过邮寄、快递方式转运回境内；三是个人对个人（Consumer-to-Consumer，C2C），这一类型是指从境外个人卖家手中购买产品并通过邮寄、快递转运回国内，可能涉及二手物品交易，对于国门生物安全的影响也比较大。

随着国家跨电商务试点工作的开展，为了更加清晰地描述跨境电商流向，在原有类型的基础上又有人将我国跨境电商保税进口监管模式进一步总结成 B2B2C（Business-to-Business-to-Consumer），即指境外企业先将货物运进国内保税区，这一段表现为 B2B 交易，其后货物在保税区内再零售给消费者实现第二段 B2C 交易。

在海关监管语境下，按照监管的贸易方式来总结，跨境电商零售进口特指中国境内消费者通过跨境电商第三方平台经营者自境外购买商品，并通过“网购保税进口”（海关监管方式代码 1210）或“直购进口”（海关监管方式代码 9610）运递进境的消费行为，对应上文所述的 B2C。其中，“网购保税进口”申报进境的这种模式在跨境电商进口贸易量占比最大，是跨境电商进口主流模式。据统计，2020 年该模式进口货值占跨境电商进口货值总量的 85%，在监管方式上与前述章节论述的非贸渠道进口的邮件、快件等方式也有所区别，在其第一段 B2B 过程中，更可以参照一般贸易渠道进境下海关监管手段，以更好地守护国门生物安全。

（二）跨境电商海关监管的主要对象

根据 2019 年 1 月 1 日起施行的《中华人民共和国电子商务法》，电子商务是指通过互联网等信息网络销售商品或者提供服务的经营活动。该定义排除了金融类产品和服务等方面，更接近本章节所讨论的范畴。

电子商务法律关系主体的基本范畴是电子商务经营者和电子商务消费者。该法还对“电子商务经营者”“电子商务平台经营者”“平台内经营者”这三个概念作出了区分。

电子商务经营者，是指通过互联网等信息网络从事销售商品或者提供服务的经营活动的自然人、法人和非法人组织，包括电子商务平台经营者、平台内经营者以及通过自建网站、其他网络服务销售商品或者提供服务的电子商务经营者。

电子商务平台经营者，是指在电子商务中为交易双方或者多方提供网络经营场所、交易撮合、信息发布等服务，供交易双方或者多方独立开展交易活动的法人或者非法人组织。

平台内经营者，是指通过电子商务平台销售商品或者提供服务的电子商务经营者。

电子商务消费者分别与电子商务平台经营者发生平台服务合同关系，与平台内经营者发生买卖、服务合同关系。

举例来说，小明通过手机某宝客户端，进入某猫国际下的某海外旗舰店，经过一番挑选后，购买了一瓶境外生产的驱蚊水，并使用某付宝作为付款媒介。两天后，该产品通过某丰速递快递到小明手中。这里至少涉及五个主体：小明是电商消费者；某宝的某猫国际是电商平台经营者，以下简称电商平台；某海外旗舰店是平台内经营者，以下简称商家；某丰速递作为快递物流公司，在海关跨境物流监管中也扮演了重要的角色，但其本身是电子商务交易法律关系的非基本范畴。同样属于电子商务交易法律关系的非基本范畴的还有电子支付服务提供者和信用评价服务提供者，在本例中，是某付宝支付平台。在这些不同的电子商务交易法律关系主体之间，构成了错综复杂的电子商务交易法律关系主体的体系和法律关系群。

海关监管的主体就是上述案例中提到的电商平台、商家、快递物流、支付企业。其中，电商平台、快递物流、支付企业，应当依据海关报关单位注册登记管理相关规定，向所在地海关办理注册登记。由于涉及境内外管辖权归属问题，海关要求境外跨境电商企业应委托境内代理人向该代理人所在地海关办理注册登记，所以商家通常指境外企业的境内代理人。为有效保证国门生物安全，海关需要重点落实对电商平台、商家的监管责任，压实电商平台、商家的主体责任，借由企业间的合同约束来过滤大部分的国门生物安全风险。

二、我国现行跨境电商相关法律法规

我国跨境电商监管工作参照《中华人民共和国电子商务法》进行，具体在海关工作实际中也会参照《中华人民共和国进出境动植物检疫法》《中华人民共和国国境卫生检疫法》《中华人民共和国海关法》《中华人民共和国进出口商品检验法》《中华人民共和国食品安全法》等相关法律。

以下选取与海关国门生物安全监管相关性最为密切的“正、负面清单”等检疫相关要求作介绍。

（一）跨境电子商务零售进口商品清单

2016 年，财政部等 11 个部门联合发布了第 40 号公告，即《跨境电子商务零售进口商品清单》，该清单俗称为“正面清单”。此后，该清单又经多次修订，分别于 2016 年第 47 号公告增补第二批清单商品；于 2018 年第 157 号公告发布了《跨境电子商务零售进口商品清单（2018 年版）》；于 2019 年第 96 号公告发布《跨境电子商务零售进口商品清单（2019 年版）》。2022 年 1 月，多部门联合发布 2022 年第 7 号公告《关于调整跨境电子商务零售进口商品清单的公告》，其中《跨境电子商务零售进口商品清单调整表》对 2019 年版清单进行了优化调整，于 2022 年 3 月 1 日起执行，为现行有效的“正面清单”。

2019 年版清单按照 8 位税号对商品进行了分类，共列出 1413 条商品，主要涉及部分食品饮料、服装鞋帽、家用电器、部分化妆品、纸尿裤、儿童玩具、保温杯、配方奶粉等商品。根据其附注，清单中商品按《关于完善跨境电子商务零售进口监管有关工作的通知》（以下简称《通知》）中规定的监管要求执行，包括进境检疫应符合有关法律法规的要求等。属于《通知》适用范围以外的，按以下要求执行：（1）跨境电子商务零售进口商品清单中商品免于向海关提交许可证件；直购商品按照个人物品监管要求执行，网购保税商品“一线”进区时需按货物监管要求执行，“二线”出区时参照个人物品监管要求执行。（2）依法需要执行首次进口许可批件、注册或备案要求的化妆品、婴幼儿配方奶粉、药品、医疗器械、特殊食品（包括保健食品、特殊医学用途配方食品等）等，按照国家相关法律法规的规定执行。

之所以称这份清单为“正面清单”，是因为列入该清单内的商品是有关部门根据国内个人进口消费数据分析筛选出符合进口质量检测标准、允许进口的商品。因此，只有清单内的商品才能通过跨境电商进口。

分析这份清单的变化趋势，2019 年版清单比 2018 年版清单的公布在大类上多了 92 个，对许多具体的商品类目进行了细微调整。清单备注栏新增加了很多描述性要求，如调整对宠物食品的准入限制要求。在 2022 年对该清单再次优化调整后，增加了滑雪用具、家用洗碟机、高尔夫球用具、番茄汁等 29 项近年来消费需求旺盛的商品，涉及食品、家用电器、运动用品等多种类别，清单商品数达到 1476 个。特别值得注意的是，清单调整了 206 项商品备注，对可能涉及动物、植物产品的商品都增加“列入《进出口野生动植物种商品目录》且不能提供《中华人民共和国濒危物种进出口管理办公室非〈进出口野生动植物种商品目录〉物种证明》的商品除外”的备注内容。“正面清单”与国际公约更匹配，海关在进口监管中更强化国门生物安全的概念，为基层监管工作人员提供更加清晰的执法依据。

总的来说，随着清单的更新迭代，其内容更加严谨，相关要求描述更为准确，也更便于电商平台、商家及个人消费者的自我把控。

该清单附件中提到的《关于完善跨境电子商务零售进口监管有关工作的通知》（商财发〔2018〕486 号）明确指出，对跨境电商零售进口商品按个人自用进境物品监管，不执行有关商品首次进口许可批件、注册或备案要求。但对相关部门明令暂停进口的疫区商品和对出现重大质量安全风险的商品启动风险应急处置时除外。

（二）禁止和限制以跨境电子商务形式进境的商品清单

相对于“正面清单”，禁止和限制以跨境电子商务形式进境的商品清单，即“负面清单”，所列的商品类别分散在不同文件要求中，主要包括如下商品类别：

1. 《中华人民共和国进出境动植物检疫法》规定的禁止进境物；

2. 未获得检验检疫准入的动植物产品及动植物源性食品；

3. 列入《危险化学品目录》《危险货物品名表》《〈联合国关于危险货物运输的建议书规章范本〉附录三〈危险货物一览表〉》《易制毒化学品的分类和品种目录》和《中国严格限制进出口的有毒化学品目录》的物品；

4. 特殊物品（取得进口药品注册证书的生物制品除外）；

5. 含可能危及公共安全的核生化有害因子的产品；

6. 废旧物品；

7. 法律法规禁止进境的其他产品和海关总署公告禁止进境的产品。

总之，为保障国门生物安全，我国对于跨境电商进境的商品进口检疫要求与一般贸易进口时的要求是一致的。对于以一般贸易模式明令禁止进口的种类，跨境电商模式同样禁止进口。禁止的商品种类可以参照《禁止从动物疫病流行国家地区输入的动物及其产品一览表》《中华人民共和国禁止携带、寄递进境的动植物及其产品和其他检疫物名录》《中华人民共和国进境植物检疫性有害生物名录》等动植物进口检疫要求；对于一般贸易模式应进行进境（过境）动植物及其产品检疫审批的商品，跨境电商模式同样需要进行检疫审批。海关对跨境电子商务零售进出口商品及其装载容器、包装物按照相关法律法规实施检疫，并根据相关规定实施必要的监管措施。

对于目前跨境电商进口的主流模式——“网购保税进口”方式申报的商品，海关监管相应前移。海关应在有检疫风险的商品进入特殊监管区域时，将其拦截在关境之外。

三、主要国家（地区）跨境电商海关监管概况

（一）世界海关组织对跨境电商监管提出八项原则

跨境电商刚刚兴起时，各国家（地区）海关对跨境电商监管都是按照邮递渠道、快件渠道等不同渠道来归属监管的。由于跨境电商的指数型增长趋势给政府监管带来了各种风险和挑战，在 2018 年世界海关组织（World Customs Organization，WCO）发布的《跨境电商标准框架》（Cross-Border E-Commerce Framework of Standards）中提到，为应对大量增长的跨境电商 B2C、C2C 交易所带来的国门生物安全风险，最有效的方式就是及时从源头取得准确数据，用以在早期进行风险评估，明确法规措施，减少后期干预，并提出八项原则，具体包括：前置电子数据和风险管理；便利和简化通关流程；安全和保障；征税；测量和分析；伙伴关系；提高公众意识，扩大服务范围和能力建设；完善立法框架。该标准框架围绕这八项原则，进一步制定了十五项相关执行标准。在此基础上，许多国家（地区）对跨境电商的海关监管也提出了更有针对性的管理措施。

（二）美国对跨境电商的海关监管情况

2016 年，美国海关和边境保护局（U. S. Customs and Border Protection，CBP）专门组建了电子商务和小型企业监管团队（E-Commerce and Small Business Team）。该部门的成立旨在履行美国海关部门对小型和微型企业发展的支持承诺，同时特别关注识别劣质和不安全商品并防止它们进入国际市场。该部门也提出需要警惕通过电子商务平台进行交易的犯罪活动。同时，美国海关还特别注重对公众及相关企业的培训和宣传教育。

（三）欧亚经济联盟对跨境电商的海关监管情况

欧亚经济联盟（Eurasian Economic Union，EEU）成员内部之间的跨境电商监管政策主要由欧亚经济委员会（Eurasian Economic Commission，EEC）组织制定，参照对内快件和国际邮政物品的海关监管规则（Customs Regulation of the Express consignments and International Postal Items）进行管理。该规则着重于快件申报单据的电子化，要求所有必须填报的数据都应以电子形式提交，这些数据后续可用于自动数据分析并帮助加强风险管

理。联盟还在加强成员间交流方面做出各种努力，预计后续能进一步降低成员之间跨境电商的税收并简化申报流程及手续。

（四）韩国对跨境电商的海关监管情况

韩国对跨境电商的兴起反应迅速，2000 年，韩国就在海关法中增加了电子商务相关条款。其监管政策都为促进跨境电商发展而制定，旨在简化海关申报手续，加快清关流程。在进口监管方面，韩国海关对低货值的个人自用物品直接免于申报。另外，如果通过电信销售资质注册的韩国企业，可以向海关申请特殊政策，韩国海关审核后，可提供在法律允许范围内的较低税收政策，以及专门的对企业咨询服务。在出口监管方面，韩国海关进一步简化清关申报流程，减少需要向海关申报的数据项。同样，跨境电商企业也可以通过申请，得到更加便利的流程简化服务和部分退税优惠政策。

拓展阅读　中国第一个跨境电子商务综合试验区——中国（杭州）跨境电子商务综合试验区

2015 年 3 月 7 日，国务院发布国函〔2015〕44 号批复，同意设立中国（杭州）跨境电子商务综合试验区，以下简称杭州综试区。明确要求杭州综试区要着力在跨境电子商务交易、支付、物流、通关、退税、结汇等环节的技术标准、业务流程、监管模式和信息化建设等方面先行先试，通过制度创新、管理创新、服务创新和协同发展为全国跨境电子商务健康发展提供可复制、可推广的经验。

同时，国函〔2015〕44 号批复要求杭州综试区在大胆探索、创新发展的同时应控制好试点试验的风险。要在保障国家安全、网络安全、交易安全、进出口商品质量安全和有效防范交易风险的基础上规范发展，为各类市场主体公平参与市场竞争创造良好的营商环境。

杭州综试区制度创新以“六体系两平台”为核心，即信息共享、金融服务、智能物流、电商信用、统计监测和风险防控“六体系”，以及线上“单一窗口”和线下综合园区“两平台”的顶层设计框架。各相关部门为杭州综试区量身定做了 55 项创新政策举措，主要包括监管制度、金融服务、物流服务、信用管理、统计监测、人才发展、规则制定和“单一窗口”建设 8 个方面。其中，海关对“单一窗口”平台建设、检验检疫方面的具体政策都作了特殊的安排，财政部、国家税务总局也专门给予了特殊的税收政策。

2015 年，杭州市跨境电子商务交易规模从 2014 年不足 2000 万美元快速增至 34.64 亿美元，其中出口 22.73 亿美元，进口 11.91 亿美元，拉动杭州外贸出口同比增长 5.4%，增长幅度惊人。杭州综试区上线备案的外贸企业数量也大幅度增加，在“单一窗口”平台上备案的企业增至 4000 多家。

第二节
跨境电商动植物检疫监管

一、我国现行跨境电商监管制度概要

海关总署《关于跨境电子商务零售进出口商品有关监管事宜的公告》（海关总署公告 2018 年第 194 号），商务部、发展改革委、财政部、海关总署、税务总局、市场监管总局《关于完善跨境电子商务零售进口监管有关工作的通知》（商财发〔2018〕486 号）这两份文件总结了海关对企业监管的主要制度。其中，有四项制度与国门生物安全密切相关，分别为企业管理制度、通关申报制度、检疫查验制度、退货管理制度。

（一）企业管理制度

跨境电商平台企业、物流企业、支付企业等参与跨境电商零售进口业务的企业，应当依据海关报关单位注册登记管理相关规定，向所在地海关办理注册登记；境外跨境电商企业应委托境内代理人向该代理人所在地海关办理注册登记。

跨境电商企业、物流企业等参与跨境电商零售出口业务的企业，应当向所在地海关办理信息登记；如需办理报关业务，向所在地海关办理注册登记。

物流企业应获得国家邮政管理部门颁发的快递业务经营许可证。直购进口模式下，物流企业应为邮政企业或者已向海关办理代理报关登记手续的进出境快件运营企业。

支付企业为银行机构的，应具备国家金融监督管理总局颁发的金融许可证；支付企业为非银行支付机构的，应具备中国人民银行颁发的支付业务许可证，支付业务范围应当包括“互联网支付”。

参与跨境电商零售进出口业务并在海关注册登记的企业，纳入海关信用管理系统，海关根据信用等级实施差异化的通关管理措施。

跨境电商零售进出口商品监管作业场所必须符合海关相关规定。跨境电子商务监管作业场所经营人、仓储企业应当建立符合海关监管要求的计算机管理系统，并按照海关要求交换电子数据。其中开展跨境电商直购进口或一般出口业务的监管作业场所应按照快递类或者邮递类海关监管作业场所规范设置。

（二）通关申报制度

除上文提到的，对跨境电商直购进口商品及适用“网购保税进口”进口政策的商品，按照个人自用进境物品监管，不执行有关商品首次进口许可批件、注册或备案要求。但对相关部门明令暂停进口的疫区商品和对出现重大质量安全风险的商品启动风险应急处置时除外。适用“网购保税进口 A”（监管方式代码 1239）进口政策的商品，按《跨境电子商务零售进口商品清单》尾注中的监管要求执行。

跨境电商零售进口商品申报前，跨境电商平台企业或跨境电商企业境内代理人、支付企业、物流企业应当分别通过国际贸易“单一窗口”或跨境电商通关服务平台向海关传输交易、支付、物流等电子信息，并对数据真实性承担相应责任。

直购进口模式下，邮政企业、进出境快件运营人可以接受跨境电商平台企业或跨境电商企业境内代理人、支付企业的委托，在承诺承担相应法律责任的前提下，向海关传输交易、支付等电子信息。

跨境电商零售出口商品申报前，跨境电商企业或其代理人、物流企业应当分别通过国际贸易“单一窗口”或跨境电商通关服务平台向海关传输交易、收款、物流等电子信息，并对数据真实性承担相应法律责任。

跨境电商零售商品进口时，跨境电商企业境内代理人或其委托的报关企业应提交《中华人民共和国海关跨境电子商务零售进出口商品申报清单》(以下简称《申报清单》),采取“清单核放”方式办理报关手续。

跨境电商零售商品出口时,跨境电商企业或其代理人应提交《申报清单》,采取“清单核放、汇总申报”方式办理报关手续;跨境电商综合试验区内符合条件的跨境电商零售商品出口,可采取“清单核放、汇总统计”方式办理报关手续。

《申报清单》与《中华人民共和国海关进(出)口货物报关单》具有同等法律效力。

开展跨境电商零售进口业务的跨境电商平台企业、跨境电商企业境内代理人应对交易真实性和消费者(订购人)身份信息真实性进行审核,并承担相应责任;身份信息未经国家主管部门或其授权的机构认证的,订购人与支付人应当为同一人。

(三)检疫查验制度

对需在进境口岸实施检疫及检疫处理的商品,应在完成后运至跨境电商监管作业场所。

对网购保税进口业务,一线入区时以报关单方式进行申报,海关可以采取视频监控、联网核查、实地巡查、库存核对等方式加强对网购保税进口商品的实货监管。

海关实施查验时,跨境电商企业或其代理人、跨境电商监管作业场所经营人、仓储企业应当按照有关规定提供便利,配合海关查验。

海关对跨境电商零售进口商品在商品销售前按照法律法规实施必要的检疫,并视情发布风险警示。

(四)退货管理制度

在跨境电商零售进口模式下,允许跨境电商企业境内代理人或其委托的报关企业申请退货,退回的商品应当符合二次销售要求并在海关放行之日起30日内以原状运抵原监管作业场所,相应税款不予征收,并调整个人年度交易累计金额。

在跨境电商零售出口模式下,退回的商品按照有关规定办理手续。

对超过保质期或有效期、商品或包装损毁、不符合我国有关监管政策等不适合境内销售的跨境电子商务零售进口商品,以及海关责令退运的跨境电子商务零售进口商品,按照有关规定退运出境或销毁。

二、跨境电商检疫监管流程

跨境电商网购保税进口（海关监管方式代码1210）适用于境内个人或电子商务企业在经海关认可的电子商务平台实现跨境交易，并通过海关特殊监管区域或保税物流中心［以下简称“特殊区域（中心）”］进出的电子商务零售进出境商品。

跨境电商直购进口（海关监管方式代码9610）就是常见的“海外仓发货”或“直邮”的模式。在境内消费者下单后，商品集中从境外海外仓发出，经过跨境物流运输，海关对这些跨境邮包进行监管，再由国内快递送达消费者。

相比于跨境电商直购进口，网购保税进口具有以下优势。一是对于电商企业来说，采购及物流成本更低。跨境电商企业集中采购跨境商品并通过国际物流批量运输至特殊区域（中心）专用仓库仓储备货，可以压缩采购及物流成本。二是对于消费者来说，物流配送速度快，售后体验更好。消费者在电商平台下单购买特殊区域（中心）已备好的跨境商品，商品直接从特殊区域（中心）发货送往消费者手中，物流配送速度更快。若消费者对网购商品不满意，也能找到电商企业提供售后服务。因此网购保税进口成为跨境电商进口主流模式。这两种方式的海关进口监管流程大致相当，但检疫步骤有所区别，具体海关监管流程如下。

（一）企业注册

电商平台、物流企业、支付企业应向所在地海关办理注册登记；境外电商企业应委托境内代理人向该代理人所在地海关办理注册登记。海关对企业资质进行审核，对支付企业为银行机构的，重点验核其是否具备国家金融监督管理总局颁发的金融许可证；支付企业为非银行支付机构的，应验核其是否具备中国人民银行颁发的支付业务许可证，支付业务范围应当包括“互联网支付”。

海关还需要对申请企业的跨境电商类型及跨境电商网站网址进行确认，对物流企业是否具备国家邮政管理部门颁发的快递业务经营许可证进行核对。

（二）软硬件设施准备

海关应指导相关物流企业、电商企业建立满足海关查验、稽查等工作所需的软硬件设施。

在硬件设施方面，网购保税进口方式跨境商品存放于特殊监管区域内，相关物流企业应建立相对独立的跨境电商商品存放点，与一般贸易等其他货物进行物理区隔；仓储区域应设置好防虫防鼠等设施；商品监管作业场所应具备X光机、视频监控等查验设备，如江门跨境电商清关中心X光机监管分拣线，如图5-1所示。开展跨境电商直购进口的监管作业场所应按照快递类或者邮递类海关监管作业场所规范设置。

图5-1　江门跨境电商清关中心
X光机监管分拣线

（广州海关提供）

在软件设施方面，电商平台、物流企业等应建立能与海关联网且便于海关核查的订单物流数据系统。根据实际监管工作需要，指导仓储企业、电商企业或电商企业境内代理人为单元，开设海关网购保税进口专用电子账册。

在税款征收方面，消费者为跨境电商商品的纳税义务人，而在海关备案的电商平台企业、物流企业或申报企业作为税款的代收代缴义务人，在开展业务前以保证或者保函方式，向海关提交足额有效的税款担保，并在跨境电子商务零售进境商品信息化系统中录入担保信息，提交海关予以确认。

（三）口岸检疫

商品的海关检疫监管在进境口岸进行。海关通过电子化系统、现场查验等方式，履行检疫职能，对不符合检疫要求的商品不予入境。

对于网购保税进口方式，跨境商品在口岸检疫后进入特殊区域（中心）。其一线进境入区通关管理与一线进境普通保税货物通关管理一致：海关须审核企业申报的报关单（备案清单）、保税核注清单、核放单是否按照电子申报报文格式规范进行业务申报。网购保税进口跨境商品在境外批量包装、运输，因此海关现场查验方式也与一般贸易进口方式一致。商品在口岸检疫完成后，准予进入海关特殊监管区域（中心）。企业可在特殊区域（中心）拆除商品运输包装，进行理货、存储，完成电商企业备货。

对于直购进口方式，商品于境外打包成小包裹寄送至境内，海关按照邮寄物或者快件进行检疫监管。

（四）三单比对及放行

消费者通过电商平台下单购买，填写订购人姓名、身份证、收件信息，并完成支付。商品在电商平台销售后，跨境电子商务平台企业或跨境电子商务企业境内代理人、支付企业、物流企业分别通过国际贸易“单一窗口”或跨境电子商务通关服务平台向海关传输相关的电子订单、电子运单以及电子支付，即“三单”电子信息，并填写《申报清单》。网购保税进口方式，企业在该步骤对订单商品进行分拣、打包、贴快递面单等一系列操作，通常每个包裹对应一票《申报清单》。

海关依托信息化系统实现“三单”信息与《申报清单》的自动比对。一般情况下，在《跨境电子商务零售进口商品清单》范围内的商品，且《申报清单》规范、完整，经海关信息化系统自动比对后可快速审核放行，实现“秒级通关”。在清单范围以外的商品无法通过比对。信息化系统还能实现对商品的风险判定，对于部分系统风险模型判定存在风险的商品，海关查验无误后方可放行。审核不通过、查验不合格的商品，不予入境。该步骤对应网购保税进口二线进境申报。对于直购进口方式，该步骤与口岸检疫步骤相整合，可一次完成。

跨境商品在放行后，物流企业通过快递将跨境商品正式派送给消费者，进口商品的主要通关流程结束。消费者收到进口商品后，完成签收。

2020 年 7 月，上海海关所属松江海关对一款红绿豆蒸汽肩颈枕跨境包裹进行“三单”比对、查验步骤时，发现该肩颈枕内部填充未经检疫处理的红豆及绿豆，如图 5-2 所示。未经检疫处理过的种子产品，极易携带真菌、细菌、病毒、杂草、昆虫等有害生物，这些有害生物一旦传播到国内，势必会危害我国的农林生产安全。海关判定该产品不符合检疫入境要求，对电商平台上该产品销售页面进行下架处理，对已在库产品进行监督销毁。

图 5-2　海关查获跨境电商进口红绿豆蒸汽肩颈枕

（上海海关提供）

拓展阅读　海关对跨境电商的五种监管方式

海关为跨境电商业务设置了五种监管方式，对应代码分别为 9610、1210、1239、9710、9810。相关公告内容摘录如下。

海关监管方式代码“9610”，全称“跨境贸易电子商务”，简称“电子商务”，适用于境内个人或电子商务企业通过电子商务交易平台实现交易，并采用“清单核放、汇总申报”模式办理通关手续的电子商务零售进出口商品（通过海关特殊监管区域或保税监管场所一线的电子商务零售进出口商品除外）。

——海关总署公告 2014 年第 12 号

海关监管方式代码“1210”，全称“保税跨境贸易电子商务”，简称“保税电商”。适用于境内个人或电子商务企业在经海关认可的电子商务平台实现跨境交易，并通过海关特殊监管区域或保税监管场所进出的电子商务零售进出境商品［海关特殊监管区域、保税监管场所与境内区外（场所外）之间通过电子商务平台交易的零售进出口商品不适用该监管方式］。

“1210”监管方式用于进口时仅限经批准开展跨境贸易电子商务进口试点的海关特殊监管区域和保税物流中心（B型）。

——海关总署公告2014年第57号

海关监管方式代码“1239”，全称“保税跨境贸易电子商务A”，简称“保税电商A”。适用于境内电子商务企业通过海关特殊监管区域或保税物流中心（B型）一线进境的跨境电子商务零售进口商品。

天津、上海、杭州、宁波、福州、平潭、郑州、广州、深圳、重庆10个城市开展跨境电子商务零售进口业务暂不适用“1239”监管方式。

——海关总署公告2016年第75号

海关监管方式代码“9710”，全称“跨境电子商务企业对企业直接出口”，简称“跨境电商B2B直接出口”，适用于跨境电商B2B直接出口的货物。

海关监管方式代码“9810”，全称“跨境电子商务出口海外仓”，简称“跨境电商出口海外仓”，适用于跨境电商出口海外仓的货物。

——海关总署公告2020年第75号

第三节 跨境电商国门生物安全风险及应对举措

一、跨境电商的国门生物安全风险

据跨境电子商务检验检疫产品质量安全风险国家监测中心统计，2015年全国海关累计监管跨境电商进口商品1.92亿单，金额284.2亿元人民币。2020年全国海关跨境电商监管进口商品5.16亿单，金额1192.5亿元人民币，征收税款117.8亿元人民币，五年来跨境电商进口商品金额增加了3倍。未来将会有更多企业加入跨境电子商务行列。随着跨境电商总量和来源地逐年增加，新的消费品种类不断呈现，携带动植物疫情疫病的风险也持续加大，海关疫情防控的形势也变得越发严峻，呈现出复杂性、紧迫性和不确定性的特点。

（一）企业故意瞒报逃避监管

少数不法商家在明知国家法律法规不允许进口某些物品的情况下，伪造、编造不符合实际情况的商品名称、种类，或者改写产品原产国（地区），故意瞒报逃避电商平台的自查、海关的监管。消费者以跨境电商的形式从境外购买新型宠物、观赏植物以及各种动植物产品等具有检疫风险的商品的情况，有的受到了处罚，有的却得偿所愿；遵守跨境电商相关规定、规范经营的电商平台、商家在市场竞争中难敌“不择手段”的杂牌军；国门生物安全正不断受到违规销售的跨境电商商品的威胁和冲击。

2018 年首都机场海关在跨境电商直邮货物中查获了产自疯牛病疫区的婴儿辅食牛肉泥，根据《中华人民共和国进出境动植物检疫法》的相关规定，我国禁止从相关动物疫区进口动物及其产品，后续依法对相关商品实施了销毁处理并开展了相关排查。

海关在后续的排查中发现，6 个大型跨境电商网站中的 29 个店铺或个人卖家销售来自疯牛病疫区的牛肉泥商品。在调查涉及的跨境电商网站中，“自营型网站”和“混合型网站的自营部分”相对较为规范，出现销售疫区牛肉泥的均为“平台型网站”或“混合型网站的平台部分”，即消费者通常所知的“第三方卖家”，主要为个人商铺。上述货物入境时有意瞒报或漏报，以 C2C 的形式作为网站代购卖给国内消费者，或是转卖给国内商家进行销售，危害国门生物安全。

2014 年 7 月 19 日，广东海关检疫人员从一批申报为“鞋子”的美国跨境电商快件中查获象牙制品 12 件，共 3.06 kg，价值 14.1 万元人民币。这是国内首次在跨境电商进境快递包裹中查获象牙制品。2020 年 6 月 5 日，广州海关所属广州白云机场海关驻跨境电商监管中心在对一件从印度尼西亚寄出，申报品名为“腰带样品和男式靴子样品”的快递包裹进行开箱查验时，发现两只鞋均用湿纸巾堵住靴口，在检查夹藏时，发现有活体蛇自其中一只鞋内爬出。关员随即对该货物实施 CT 机检查，图像显示两只鞋中均有明显的生物特征，随即确定另有至少一条活体蛇藏匿于靴头处，进一步查验后，发现 4 条蛇被藏匿在袜子中，经后续鉴定该 4 条蛇均为红尾游蛇（*Gonyosoma oxycephalum*），如图 5-3 所示。该物种较具攻击性，栖地分布极广，喜欢猎食蜥蜴、鸟类和蝙蝠等小型哺乳类动物。上述案例的买卖双方通过跨境电商交易，故意瞒报，逃避海关监管，威胁国门生物安全。

图 5-3　从进境快递包裹中截获的红尾游蛇

（广州海关提供）

此外，走私商品通过电商渠道销售的情况也给跨境电商海关监管带来了挑战。2018 年，深圳皇岗海关查获多宗“毒仙人掌”银冠玉入境案件。与一般的有刺仙人掌不同，这类物种无刺，属于仙人掌科乌羽玉属植物，原产自美洲。有记者此后在多个网络购物平台上搜索发现，包括银冠玉在内的多款进口多肉植物在网上热销，已然成了“网红”商品。2019 年，深圳海关查获金刚鹦鹉蛋、亚马逊鹦鹉蛋 244 枚，案值达 115 万元人民币，同年石家庄海关查获金太阳鹦鹉、和尚鹦鹉、蓝顶亚马逊鹦鹉及黄边小太阳鹦鹉共计 14 只，查证涉嫌走私进境活体鹦鹉共 77 只。这些国家明令禁止走私、买卖的野生保护动植物往往通过电商渠道进行交易。

（二）企业申报不规范

此外，由于海关规范性申报具有一定的技术门槛，跨境电商商品种类繁多、跨境电商经营企业鱼龙混杂，部分商家对于海关申报规范，甚至对其进口的商品都知之甚少，由此产生一些申报不规范的问题，主要体现在品名不规范、HS 编码归类与商品种类不相符、上传的申报材料不齐全等方面。判定申报的电商平台、商家有无主观故意，也存在一定难度。

例如，同样是乳制品，超高温灭菌乳与巴氏灭菌乳这两种液态乳的检疫风险差异很大，如果申报品名不规范、申报的种类错误，可能会导致规避现有准入规则、重点监管等情况发生。这也对国门生物安全防控工作带来极大风险和挑战。

此外，由于不同国家（地区）对不同种类商品监管要求不同，企业上传申报材料有遗漏的情况也时有发生。2020 年 6 月，上海海关所属松江海关对申报原产地为某国的跨境电商食品开展了排查。按照要求，网购保税商品“一线”进区的食品应提供该国家（地区）原产地证书。海关抽取 6 批单证，其中 3 份未按照要求在无纸化系统中上传原产地证书。经约谈相关企业，有 1 批商品后续补充了原产地证书，2 批无法提供原产地证书。随后，海关部门要求电商平台、商家对无法提供原产地证书的商品进行下架及销毁处理。

在“网购保税进口”模式监管过程中，也存有“一线”申报与“二线”申报商品名称不一致，难以比对的情况。由于跨境电商商品往往所占的进口体量大，在进行“一线”申报时，企业为“省事”“方便”，按照 HS 编码对应的类别汇总相关商品进行申报，往往同一个货物名称同一个 HS 编码下，实际包含多个不同商品条码的商品。“二线”出区时，申报的货物名称则按照消费者在电商平台购买时网页销售所使用的货物名称进行申报，部分电商平台对于商家、商品宣传广告语审核不严，这就造成了“一线”“二线”品名申报差异巨大，加大了海关对跨境电商商品物流链监管的难度。

（三）消费者生物安全防控意识淡薄

在非贸渠道领域，跨境电商准入门槛低、企业流动性大、产品种类涵盖广，忽视检疫、弱化检疫甚至不了解检疫的情况屡见不鲜，消费者群体结构覆盖面广，尽管海关动植物检疫等部门积极加大政策宣传力度，仍难以覆盖全部的消费者。消费者跨境网购时，也往往只求“尝新”，对检疫相关知识了解不深，容易忽视。近年来，依托非贸渠道入境的外来物种数量高居不下，部分“异宠”“多肉”爱好者从电商平台购买来源不明的昆虫宠物、植物盆栽，包括活体箭毒蛙、活体蜈蚣、剧毒蜘蛛、多肉植物在内的多种新型宠物和新型植物种子、种苗等，曾多次被海关查获。箭毒蛙、毒蜘蛛等有毒有害高风险生物带来生物安全隐患；白凤头鹦鹉、绿鬣蜥等属于国家保护野生动物，未经检疫可能携带病毒等微生物，存在危害人体健康的风险；部分昆虫宠物在野外逃逸，未经检疫及风险评估的新型植物种子、种苗在野外种植，还可能造成外来生物入侵，侵占本地物种的生态空间，还可能携带外来病原，造成本地物种死亡或濒危，对生物多样性造成影响，打破国内的生态平衡，对我国农林资源造成不可估量的损失。

2020 年 10 月 30 日，广州白云机场海关驻跨境电商监管中心办事处在对一份申报品名为“玻璃管 5 件”的快递包裹进行开箱查验时，发现包裹内有 5 根玻璃试管，试管口均用棉花塞住，中部有瓦楞纸，底部塞有注水棉花，棉花上有类似虫卵。其中 1 根试管透明部分可见 1 只黑色蚂蚁，身长约 20 mm，此蚂蚁自瓦楞纸内爬出，上颚如钳子一般，迅速将虫卵排至纸内。关员随即对剩余 4 根试管进行查验，发现均为同种蚂蚁。经鉴定，5 只蚂蚁均为黑柄牛蚁（*Myrmecia nigriscapa*）。

黑柄牛蚁作为最大的蚂蚁种类之一，成年个体长度能达到 15 mm～30 mm，主要取食小昆虫、蜜露、种子、水果、真菌、树胶、花蜜等。其因侵略性和强力的毒刺闻名于澳大利亚，毒液可能引起过敏体质的人休克，严重的可能会致命。不少昆虫爱好者们在“蚁圈”“蚁吧”电商平台等互联网媒体中讨论，不惜花上大价钱购买饲养这种蚂蚁。但该物种是少有的能无蚁后繁殖的蚁种，雌性工蚁能交配繁殖，在失去蚁后之后依然能保持群落的繁盛，作为宠物饲养，如果发生野外逃逸极易繁殖扩散。

2020 年 7 月 1 日，海口海关所属海口美兰机场海关在进境快递包裹中查获塑封包装种子，经实验室鉴定为芡欧鼠尾草（*Salvia hispanica*）种子。2020 年 9 月 28 日，天津海关所属滨海机场海关在进境快递包裹中查获标注有“Chia”字样的预包装食品，经实验室鉴定为芡欧鼠尾草种子，如图 5-4 所示。芡欧鼠尾草种子又被称为奇亚籽（Chia），常被电商企业宣称其含有大量膳食纤维，具备“清除肠胃脂肪”等功能，奇亚籽常常被营销包装成健康食品。它的适生性很强，无论在贫瘠或肥沃、酸性或碱性、干燥或湿润的土壤中均能生长，一旦定殖，易形成优势种群，破坏生态环境。

图 5-4　从快递包裹中截获芡欧鼠尾草种子

（海口海关、天津海关提供）

（四）海关监管生物风险识别困难

一方面，跨境电商企业申报资料比一般贸易少，跨境商品不强制要求标注中文标签，因此许多跨境商品外包装无中文信息，这给海关监管信息的核对带来困难。另一方面，商品的分类与征税政策相关，与商品具体的生物风险相关性较低。这种情况造成了从申报的商品名称来看，跨境电商商品中动植物及其产品所占比例小，但实际截获的禁止进境物及有害生物不少，跨境电商贸易中的疫情检出率也呈现快速增长的态势。许多商品从种类、申报资料上无法识别其生物风险的高低，给海关监管增加了难度，给我国生态环境、农业生产带来了较大的风险和威胁。

2019 年 9 月，上海海关所属松江海关在跨境库存货物盘查过程中发现一款“滑溜溜鱼子酱呵护护养面膜”，因其产品名称中标注“鱼子酱”，进一步检查其成分标注有“CAVIAR EXTRACT”，存在违反《濒危野生动植物种国际贸易公约》（CITES）及《进出口野生动植物种商品目录》的可能。根据公约，自 1998 年始，所有种类的鲟鱼国际贸易都受到公约管制。各国家（地区）还制定和改进了许多保护管理举措，包括制订渔业管理计划、改进立法、促进区域协议、开发标记系统和控制非法贸易等，以避免过度开发，为子孙后代保护资源。关于本案商品，海关在验核了商家提供的原料来源合法证明后，未对该产品作出处罚。

例如，2013 年开始热销的“薰衣草小熊”玩偶，其内填充物为薰衣草种子，应对其进行严格检疫。宁波机场海关曾截获了一只薰衣草小熊玩偶，淡紫色，脖子上系着蝴蝶结，在看似无害的表象下，经检疫发现多种有害生物，包括法国野燕麦种子、链格孢属和镰孢属病菌。电商平台一度涌现大量“澳大利亚”“英国”代购的薰衣草小熊，也难以辨别其来源是否合规，是否符合入境检疫要求。

面膜、毛绒玩具分别作为化妆品、儿童玩具，从产品类别上一般认为其检疫风险不高。许多跨境商品追求新、奇、特，许多产品不常见于境内市场，对监管部门的监管能力提出了挑战。海关检疫人员在监管中需要及时掌握国际公约、国家最新文件要求，更应该关注进境商品的相关描述，从而甄别产品生物风险。

（五）海关监管模式与资源配置遭遇冲击

海关生物安全防控措施基本以进境货物、木质包装、交通工具等为主要检疫管理对象，传统进出境动植物疫病疫情防控体系与跨境电商等新业态的融合度不高，主要表现在以下两个方面。

一是监管对象发生变化。跨境电商作为网络经济的一种，具有批次多、品种杂、批进口量小、批货值小、总量大、参与人数多等特点，有别于一般贸易进口模式。电商群体庞杂，尽管海关积极加大政策宣传力度，仍难以覆盖全部的电商及消费者。“网红”商品层出不穷，商品的包装、配料更新迭代加快，以传统的许可证、抽查等方式发现违法入境、事后布控的传统监管方式响应速度慢、效果差。为适配跨境电商业务规划的人工智能仓储物流等新生事物，对监管设施、监管流程和监管方式提出了高要求。

二是监管的资源配置无法满足电子商务零等待、零库存的现代物流管理发展趋势。如果增加抽查频次，一是会增加企业通关的工作流程，不符合为企业减负的大趋势；二是消耗过多的人力资源。检出效果也不甚理想，具有很大的随机性和偶然性。这些都给跨境电商海关生物安全监管带来了极大挑战。

二、跨境电商检疫风险应对举措

跨境电商是信息技术与经济发展相结合的产物，是一种新的交易方式，也是电子商务的一种重要模式。与传统商务相比，跨境电商具有交易成本低、交易效率高、覆盖面广、协调性强、透明度高等优势。依托于互联网，跨境电商不受时间、空间的限制，极大地节约了企业及消费者销售、购买行为的人力、物力、财力，为不同国家（地区）的企业和消费者之间提供了便捷的交易渠道。鼓励开展网上交易有助于提高交易效率，降低交易成本，拉动消费，促进商品和各种生产要素的自由流动，为促进国民经济又好又快发展提供服务。同时，随着国家经济发展，人们的消费愿望和消费能力也显著提升。境内消费者为追求美好生活从网上购买境外质优价廉或新、奇、特的产品已成潮流趋势，这将进一步助推跨境电商等海外网购新业态的迅猛发展。

与此同时，跨境电商交易的繁荣极大地增加了海关监管工作难度及工作量，现行管理体制、政策、法规及现有环境条件已难以支撑其发展要求。海关监管力量也往往向涉案货值高的缉私、知识产权侵权等方面倾斜，对生物安全方面的监管力量不足。以“双十一”购物节近年来的销售额增长为例，可以初步看出我国在跨境电商商品监管方面所面临的严峻挑战。从2016年起，“双十一”购物节开始主打全球化，购物节期间每天产生的跨境快递超过1000万件，同比增长5倍。2017年参与“双十一”的全球网民覆盖了225个国家（地区），海关于11月11日处理1620万件跨境电商商品报关。2018年11月1日至11日，跨境电商进口商品销售额超过300亿元人民币。仅某平台一家，“双十一”物流订单总数就升至10.42亿。2020年“双十一”受时间跨度拉长影响，“双十一”当天跨境电商零售进口货值为40.7亿元人民币，较2019年同期下降41.2%，但整个“双十一”期间（11月1日至11月11日）跨境电商零售进口货值为123.8亿元人民币，较2019年同期上涨28.4%。在如此巨大的物流订单量的背景下，其引发的生物安全风险仍待明确。

在有限的口岸监管力量限制下，海关生物防控需优化资源配置，落实“放管服”，解决“检什么、检得准、检得快”的问题，还需进一步加强以下方面工作。

（一）加强法规制度建设

从国家层面加快动植物检疫法律法规、部门规章、技术规范和标准的进一步修订。及时解决因执法依据滞后、对违法行为打击力度不足而导致的与实际监管脱节的问题，从而更好地适应跨境电商等新业态的发展。建议提高现有的罚金额度，增加追究刑事责任的条款，加大电商平台、商家、消费者违法成本，确保法律法规的严肃性，使海关检疫部门在工作中有法可依，从而在确保国门生物安全的基础上更好地服务于国家经济的转型升级。

（二）加强监管信息系统建设

一方面，持续完善风险监管资源共享机制和数据高效传输机制。在电商经营企业层面，要求电商平台、商家、快递物流企业在海关系统申报时，提供准确、全口径的商品数据，便于海关实行精准风险布控。海关等部门逐步完成对电商平台、商家、快递物流企业数据的可查询、可调取、可比对。另一方面，利用海关大数据优势进行风险分析，明确重点关注的检疫要素，实现海关信用管理系统与大数据风险识别、风险监测的自动化对接，为进一步加强企业管理、依法实施严格监管惩处措施提供依据。

（三）加强监管部门间合作

加强与 WCO、IPPC、WHO 等国际组织的沟通合作，与此同时，加强国内工商、市场、农林等不同部门间交流合作，整合不同环节信息资源，不断加深对跨境电商纵向监管深度，拓宽横向监管广度。充分利用数据交换，解决跨境信息的连贯性与有效衔接性问题，实现海关数据、地方监管数据的信息联通。

（四）加强人员培训与社会宣传

不断加强海关人员培训，使各级关员的知识结构与跨境电子商务国门生物安全风险监管要求相适应，将严防外来有害生物传入作为跨境电商监管重点之一。同时，应加强社会宣传和公众教育。让电商经营企业担负起主体责任，明白哪些商品不能销售；让公众明白哪些商品不能买，如果购买了会对国家生物安全造成什么后果，提高公众对国门生物安全的认知度。持续加强与自然博物馆、海洋馆、动物园、国家公园等的合作，在这些公共场所开展各种类型的知识教育活动，适时开展生物安全知识进校园活动，让儿童从小就具备生物安全意识。发挥各地自然联盟、野生动物保护组织、野鸟会等非政府组织的宣传资源与动员能力，让公众对动植物保护产生兴趣，从而加深对国门生物安全的认知程度。多维度、深层次引导非政府组织、媒体、消费者共同参与监督，使社会多方面支持和配合海关工作。

拓展阅读　跨境电商 3.0 时代

如果将我国的跨境电商的发展划分为三个阶段，那么 2015 年、2020 年是两个关键时间点。

2015 年以前是跨境电商小货 1.0 时代，跨境网购在消费者群体中普及度不高，跨境电商的消费者群体还比较小众，大多数“海淘”消费者主要通过海外亲朋好友、留学生、职业代购来购买进口产品。这一阶段只有少数国内电商平台认识到跨境电商进口的发展空间与潜力，而随之出现了一些游走于法律边缘的代购个人商家。此时《中华人民共和国电子商务法》尚未出台，国家相关部门对于伴随移动互联网高速发展而生的“海淘”

“代购”等市场交易行为如何监管定性还在探索和研究。消费者尚未完全了解跨境商品，对跨境商品的需求尚未释放，少数尝试跨境电商的消费者也容易遭遇商品运输时间长、真伪难辨以及质量难以保障的问题。

2015 年第一个跨境电子商务综合试验区的设立，标志着我国跨境电商的制度建设和发展进入了新的阶段。2015—2020 年是我国跨境电商大发展的 2.0 时代，电商交易从个人代购的小货阶段进入电商商家备货交易的大货阶段。在这一时期，跨境电商进口市场开始形成，消费者群体也逐渐扩大，跨境电商商品的种类也日渐繁多。由于各地地方政府的鼓励，不断出现新的跨境电商平台入场，形成常规的买方市场和卖方市场。商家于跨境电子商务综合试验区备货，消费者下单购买后，直接从试验区发货，缩短了物流运输时间；集约化管理节约了电商企业经营成本，可以进一步降低商品价格；商品的品牌及售后也有了保障。对不少消费者来说，跨境网购已经成为常态。

2020 年开始，跨境电商进入后疫情 3.0 时代。消费者的消费需求被压制，世界经济的繁荣和活跃程度整体下降，对我国跨境电商的发展也带来了挑战。如何充分调动资源，加快内外贸融合发展、产业链协同发展，将跨境电商引上规范化、标准化的发展轨道，进而向国际贸易市场推广和确立自己的规则和标准体系是这一阶段的重点。

附 录

APPENDIXES

附录 1
中华人民共和国禁止携带、寄递进境的动植物及其产品和其他检疫物名录[1]

一、动物及动物产品类

（一）活动物（犬、猫除外[2]）。包括所有的哺乳动物、鸟类、鱼类、甲壳类、两栖类、爬行类、昆虫类和其他无脊椎动物，动物遗传物质。

（二）（生或熟）肉类（含脏器类）及其制品。

（三）水生动物产品。干制，熟制，发酵后制成的食用酱汁类水生动物产品除外。

（四）动物源性乳及乳制品。包括生乳、巴氏杀菌乳、灭菌乳、调制乳、发酵乳，奶油、黄油、奶酪、炼乳等乳制品。

（五）蛋及其制品。包括鲜蛋、皮蛋、咸蛋、蛋液、蛋壳、蛋黄酱等蛋源产品。

（六）燕窝。经商业无菌处理的罐头装燕窝除外。

（七）油脂类，皮张，原毛类，蹄（爪）、骨、牙、角类及其制品。经加工处理且无血污、肌肉和脂肪等的蛋壳类、蹄（爪）骨角类、贝壳类、甲壳类等工艺品除外。

（八）动物源性饲料、动物源性中药材、动物源性肥料。

二、植物及植物产品类

（九）新鲜水果、蔬菜。

（十）鲜切花。

（十一）烟叶。

（十二）种子、种苗及其他具有繁殖能力的植物、植物产品及材料。

三、其他检疫物类

（十三）菌种、毒种、寄生虫等动植物病原体，害虫及其他有害生物，兽用生物制品，细胞、器官组织、血液及其制品等生物材料及其他高风险生物因子。

（十四）动物尸体、动物标本、动物源性废弃物。

（十五）土壤及有机栽培介质。

（十六）转基因生物材料。

（十七）国家禁止进境的其他动植物、动植物产品和其他检疫物。

注：1. 通过携带或寄递方式进境的动植物及其产品和其他检疫物，经国家有关行政主管部门审批许可，并具有输出国家或地区官方机构出具的检疫证书，不受此名录的限制。

2. 具有输出国家或地区官方机构出具的动物检疫证书和疫苗接种证书的犬、猫等宠物，每人仅限携带或分离托运一只。具体检疫要求按相关规定执行。

3. 法律、行政法规、部门规章对禁止携带、寄递进境的动植物及其产品和其他检疫物另有规定的，按相关规定办理。

附录 2
中华人民共和国禁止进出境物品表

一、禁止进境物品

1. 各种武器、仿真武器、弹药及爆炸物品；

2. 伪造的货币及伪造的有价证券；

3. 对中国政治、经济、文化、道德有害的印刷品、胶卷、照片、唱片、影片、录音带、录像带、激光视盘、计算机存储介质及其他物品；

4. 各种烈性毒药；

5. 鸦片、吗啡、海洛英、大麻以及其他能使人成瘾的麻醉品、精神药物；

6. 带有危险性病菌、害虫及其他有害生物的动物、植物及其产品；

7. 有碍人畜健康的、来自疫区的以及其他能传播疾病的食品、药品或其他物品。

二、禁止出境物品

1. 列入禁止进境范围的所有物品；

2. 内容涉及国家秘密的手稿、印刷品、胶卷、照片、唱片、影片、录音带、录像带、激光视盘、计算机存储介质及其他物品；

3. 珍贵文物及其他禁止出境的文物；

4. 濒危的和珍贵的动物、植物（均含标本）及其种子和繁殖材料。

附录3
中华人民共和国限制进出境物品表

一、限制进境物品

1. 无线电收发信机、通信保密机；
2. 烟、酒；
3. 濒危的和珍贵的动物、植物（均含标本）及其种子和繁殖材料；
4. 国家货币；
5. 海关限制进境的其他物品。

二、限制出境物品

1. 金银等贵重金属及其制品；
2. 国家货币；
3. 外币及其有价证券；
4. 无线电收发信机、通信保密机；
5. 贵重中药材；
6. 一般文物；
7. 海关限制出境的其他物品。

附录 4
出入境人员携带物检疫管理办法

（2012 年 8 月 2 日国家质量监督检验检疫总局令第 146 号公布；根据 2018 年 4 月 28 日海关总署令第 238 号《海关总署关于修改部分规章的决定》第一次修正；根据 2018 年 5 月 29 日海关总署令第 240 号《海关总署关于修改部分规章的决定》第二次修正；根据 2018 年 11 月 23 日海关总署令第 243 号《海关总署关于修改部分规章的决定》第三次修正）

第一章　总　则

第一条　为了防止人类传染病及其医学媒介生物、动物传染病、寄生虫病和植物危险性病、虫、杂草以及其他有害生物经国境传入、传出，保护人体健康和农、林、牧、渔业以及环境安全，依据《中华人民共和国进出境动植物检疫法》及其实施条例、《中华人民共和国国境卫生检疫法》及其实施细则、《农业转基因生物安全管理条例》《中华人民共和国濒危野生动植物进出口管理条例》等法律法规的规定，制定本办法。

第二条　本办法所称出入境人员，是指出入境的旅客（包括享有外交、领事特权与豁免权的外交代表）和交通工具的员工以及其他人员。

本办法所称携带物，是指出入境人员随身携带以及随所搭乘的车、船、飞机等交通工具托运的物品和分离运输的物品。

第三条　海关总署主管全国出入境人员携带物检疫和监督管理工作。

主管海关负责所辖地区出入境人员携带物检疫和监督管理工作。

第四条　出入境人员携带下列物品，应当向海关申报并接受检疫：

（一）入境动植物、动植物产品和其他检疫物；

（二）出入境生物物种资源、濒危野生动植物及其产品；

（三）出境的国家重点保护的野生动植物及其产品；

（四）出入境的微生物、人体组织、生物制品、血液及血液制品等特殊物品（以下简称“特殊物品”）；

（五）出入境的尸体、骸骨等；

（六）来自疫区、被传染病污染或者可能传播传染病的出入境的行李和物品；

（七）其他应当向海关申报并接受检疫的携带物。

第五条 出入境人员禁止携带下列物品进境：

（一）动植物病原体（包括菌种、毒种等）、害虫及其他有害生物；

（二）动植物疫情流行的国家或者地区的有关动植物、动植物产品和其他检疫物；

（三）动物尸体；

（四）土壤；

（五）《中华人民共和国禁止携带、邮寄进境的动植物及其产品名录》所列各物；

（六）国家规定禁止进境的废旧物品、放射性物质以及其他禁止进境物。

第六条 经海关检疫，发现携带物存在重大检疫风险的，海关应当启动风险预警及快速反应机制。

第二章 检疫审批

第七条 携带动植物、动植物产品入境需要办理检疫审批手续的，应当事先向海关总署申请办理动植物检疫审批手续。

第八条 携带植物种子、种苗及其他繁殖材料入境，因特殊情况无法事先办理检疫审批的，应当按照有关规定申请补办。

第九条 因科学研究等特殊需要，携带本办法第五条第一项至第四项规定的物品入境的，应当事先向海关总署申请办理动植物检疫特许审批手续。

第十条 《中华人民共和国禁止携带、邮寄进境的动植物及其产品名录》所列各物，经国家有关行政主管部门审批许可，并具有输出国家或者地区官方机构出具的检疫证书的，可以携带入境。

第十一条 携带特殊物品出入境，应当事先向直属海关办理卫生检疫审批手续。

第三章　申报与现场检疫

第十二条　携带本办法第四条所列各物入境的，入境人员应当按照有关规定申报，接受海关检疫。

第十三条　海关可以在交通工具、人员出入境通道、行李提取或者托运处等现场，对出入境人员携带物进行现场检查，现场检查可以使用X光机、检疫犬以及其他方式进行。

对出入境人员可能携带本办法规定应当申报的携带物而未申报的，海关可以进行查询并抽检其物品，必要时可以开箱（包）检查。

第十四条　出入境人员应当接受检查，并配合检验检疫人员工作。

享有外交、领事特权与豁免权的外国机构和人员公用或者自用的动植物、动植物产品和其他检疫物入境，应当接受海关检疫；海关查验，须有外交代表或者其授权人员在场。

第十五条　对申报以及现场检查发现的本办法第四条所列各物，海关应当进行现场检疫。

第十六条　携带植物种子、种苗及其他繁殖材料进境的，携带人应当取得《引进种子、苗木检疫审批单》或者《引进林木种子、苗木和其它繁殖材料检疫审批单》。海关对上述检疫审批单电子数据进行系统自动比对验核。

携带除本条第一款之外的其他应当办理检疫审批的动植物、动植物产品和其他检疫物以及应当办理动植物检疫特许审批的禁止进境物入境的，携带人应当取得海关总署签发的《中华人民共和国进境动植物检疫许可证》（以下简称“检疫许可证”）和其他相关单证。

主管海关按照检疫审批要求以及有关规定对本条第一、二款规定的动植物和动植物产品及其他检疫物实施现场检疫。

第十七条　携带入境的活动物仅限犬或者猫（以下称“宠物”），并且每人每次限带1只。

携带宠物入境的，携带人应当向海关提供输出国家或者地区官方动物检疫机构出具的有效检疫证书和疫苗接种证书。宠物应当具有芯片或者其他有效身份证明。

第十八条　携带农业转基因生物入境的，携带人应当取得《农业转基因生物安全证书》，凭输出国家或者地区官方机构出具的检疫证书办理相关手续。海关对《农业转基因生物安全证书》电子数据进行系统自动比对验核。列入农业转基因生物标识目录的进境转基因生物，应当按照规定进行标识。

第十九条 携带特殊物品出入境的，携带人应当接受卫生检疫。

携带自用且仅限于预防或者治疗疾病用的血液制品或者生物制品出入境的，不需办理卫生检疫审批手续，但需出示医院的有关证明；允许携带量以处方或者说明书确定的一个疗程为限。

第二十条 携带尸体、骸骨等出入境的，携带人应当按照有关规定向海关提供死者的死亡证明以及其他相关单证。

海关依法对出入境尸体、骸骨等实施卫生检疫。

第二十一条 携带濒危野生动植物及其产品进出境或者携带国家重点保护的野生动植物及其产品出境的，应当在《中华人民共和国濒危野生动植物进出口管理条例》规定的指定口岸进出境，携带人应当取得进出口证明书。海关对进出口证明书电子数据进行系统自动比对验核。

第二十二条 海关对携带人的检疫许可证以及其他相关单证进行核查，核查合格的，应当在现场实施检疫。现场检疫合格且无需作进一步实验室检疫、隔离检疫或者其他检疫处理的，可以当场放行。

携带物与检疫许可证或者其他相关单证不符的，作限期退回或者销毁处理。

第二十三条 携带物有下列情形之一的，海关依法予以截留：

（一）需要做实验室检疫、隔离检疫的；

（二）需要作检疫处理的；

（三）需要作限期退回或者销毁处理的；

（四）应当取得检疫许可证以及其他相关单证，未取得的；

（五）需要移交其他相关部门的。

海关应当对依法截留的携带物出具截留凭证，截留期限不超过 7 天。

第二十四条 携带动植物、动植物产品和其他检疫物出境，依法需要申报的，携带人应当按照规定申报并提供有关证明。

输入国家或者地区、携带人对出境动植物、动植物产品和其他检疫物有检疫要求的，由携带人提出申请，海关依法实施检疫并出具有关单证。

第二十五条 海关对入境中转人员携带物实行检疫监督管理。

航空公司对运载的入境中转人员携带物应当单独打板或者分舱运载，并在入境中转人员携带物外包装上加施明显标志。海关必要时可以在国内段实施随航监督。

第四章 检疫处理

第二十六条 截留的携带物应当在海关指定的场所封存或者隔离。

第二十七条 携带物需要做实验室检疫、隔离检疫的，经海关截留检疫合格的，携带人应当持截留凭证在规定期限内领取，逾期不领取的，作自动放弃处理；截留检疫不合格又无有效处理方法的，作限期退回或者销毁处理。

逾期不领取或者出入境人员书面声明自动放弃的携带物，由海关按照有关规定处理。

第二十八条 入境宠物应当隔离检疫30天（截留期限计入在内）。

来自狂犬病发生国家或者地区的宠物，应当在海关指定的隔离场隔离检疫30天。

来自非狂犬病发生国家或者地区的宠物，应当在海关指定隔离场隔离7天，其余23天在海关指定的其他场所隔离。

携带宠物属于工作犬，如导盲犬、搜救犬等，携带人提供相应专业训练证明的，可以免予隔离检疫。

海关对隔离检疫的宠物实行监督检查。

第二十九条 携带宠物入境，携带人不能向海关提供输出国家或者地区官方动物检疫机构出具的检疫证书和疫苗接种证书或者超过限额的，由海关作限期退回或者销毁处理。

对仅不能提供疫苗接种证书的工作犬，经携带人申请，海关可以对工作犬接种狂犬病疫苗。

作限期退回处理的，携带人应当在规定的期限内持海关签发的截留凭证，领取并携带宠物出境；逾期不领取的，作自动放弃处理。

第三十条 因应当取得而未取得检疫许可证以及其他相关单证被截留的携带物，携带人应当在截留期限内取得单证，海关对单证核查合格，无需作进一步实验室检疫、隔离检疫或者其他检疫处理的，予以放行；未能取得有效单证的，作限期退回或者销毁处理。

携带农业转基因生物入境，不能提供农业转基因生物安全证书和相关批准文件的，或者携带物与证书、批准文件不符的，作限期退回或者销毁处理。进口农业转基因生物未按照规定标识的，重新标识后方可入境。

第三十一条 携带物有下列情况之一的，按照有关规定实施除害处理或者卫生处理：

（一）入境动植物、动植物产品和其他检疫物发现有规定病虫害的；

（二）出入境的尸体、骸骨不符合卫生要求的；

（三）出入境的行李和物品来自传染病疫区、被传染病污染或者可能传播传染病的；

（四）其他应当实施除害处理或者卫生处理的。

第三十二条 携带物有下列情况之一的，海关按照有关规定予以限期退回或者销毁处理，法律法规另有规定的除外：

（一）有本办法第二十二条、第二十七条、第二十九条和第三十条所列情形的；

（二）法律法规及国家其他规定禁止入境的；

（三）其他应当予以限期退回或者作销毁处理的。

第五章 法律责任

第三十三条 携带动植物、动植物产品和其他检疫物入境有下列行为之一的，由海关处以 5000 元以下罚款：

（一）应当向海关申报而未申报的；

（二）申报的动植物、动植物产品和其他检疫物与实际不符的；

（三）未依法办理检疫审批手续的；

（四）未按照检疫审批的规定执行的。

有前款第二项所列行为，已取得检疫单证的，予以吊销。

第三十四条 有下列违法行为之一的，由海关处以警告或者 100 元以上 5000 元以下罚款：

（一）拒绝接受检疫，拒不接受卫生处理的；

（二）伪造、变造卫生检疫单证的；

（三）瞒报携带禁止进口的微生物、人体组织、生物制品、血液及其制品或者其他可能引起传染病传播的动物和物品的；

（四）未经海关许可，擅自装卸行李的；

（五）承运人对运载的入境中转人员携带物未单独打板或者分舱运载的。

第三十五条 未经海关实施卫生处理，擅自移运尸体、骸骨的，由海关处以 1000 元以上 1 万元以下罚款。

第三十六条 有下列行为之一的，由海关处以 3000 元以上 3 万元以下罚款：

（一）未经海关许可擅自将进境、过境动植物、动植物产品和其他检疫物卸离运输工具或者运递的；

（二）未经海关许可，擅自调离或者处理在海关指定的隔离场所中截留隔离的携带物的；

（三）擅自开拆、损毁动植物检疫封识或者标志的。

第三十七条 伪造、变造动植物检疫单证、印章、标志、封识的，应当依法移送公安机关；尚不构成犯罪或者犯罪情节显著轻微依法不需要判处刑罚的，由海关处以 2 万元以上 5 万元以下罚款。

第三十八条 携带废旧物品，未向海关申报，未经海关实施卫生处理并签发有关单证而擅自入境、出境的，由海关处以 5000 元以上 3 万元以下罚款。

第三十九条 买卖动植物检疫单证、印章、标志、封识或者买卖伪造、变造的动植物检疫单证、印章、标志、封识的，有违法所得的，由海关处以违法所得 3 倍以下罚款，最高不超过 3 万元；无违法所得的，由海关处以 1 万元以下罚款。

买卖卫生检疫单证或者买卖伪造、变造的卫生检疫单证的，有违法所得的，由海关处以违法所得 3 倍以下罚款，最高不超过 5000 元；无违法所得的，由海关处以 100 元以上 5000 元以下罚款。

第四十条 有下列行为之一的，由海关处以 1000 元以下罚款：

（一）盗窃动植物检疫单证、印章、标志、封识或者使用伪造、变造的动植物检疫单证、印章、标志、封识的；

（二）盗窃卫生检疫单证或者使用伪造、变造的卫生检疫单证的；

（三）使用伪造、变造的国外官方机构出具的检疫证书的。

第四十一条 出入境人员拒绝、阻碍海关及其工作人员依法执行职务的，依法移送有关部门处理。

第四十二条 海关工作人员应当秉公执法、忠于职守，不得滥用职权、玩忽职守、徇私舞弊；违法失职的，依法追究责任。

第六章 附 则

第四十三条 本法所称分离运输的物品是指出入境人员在其入境后或者出境前 6 个月内（含 6 个月），以托运方式运进或者运出的本人行李物品。

第四十四条 需要收取费用的，海关按照有关规定执行。

第四十五条 违反本办法规定，构成犯罪的，依法追究刑事责任。

第四十六条 本办法由海关总署负责解释。

第四十七条 本办法自 2012 年 11 月 1 日起施行。国家质检总局 2003 年 11 月 6 日发布的《出入境人员携带物检疫管理办法》（国家质检总局令第 56 号）同时废止。

附录 5
海关总署采信狂犬病抗体检测结果实验室名单

（截至 2022 年 9 月 7 日）

序号	国家	实验室名称	地址
1	阿拉伯联合酋长国	Central Veterinary Research Laboratory	PO Box 597Dubai United Arab Emirates
2	奥地利	AGES Institut für veterinärmedizinische Untersuchungen Mödling	A-2340 Mödling, Robert Koch Gasse 17 Austria

续表1

序号	国家	实验室名称	地址
3	澳大利亚	Australian Animal Health Laboratory (AAHL)	Portarlington Road, 5-East Geelong Victoria, Australia, 3219 (Postal address - PMB 24, Geelong 3220) Australia
4	巴西	Instituto de Tecnología do Paranά	Rua Professor Algacyr Munhoz Mader, 3775 Curitiba 81350-010 Brazil
5	巴西	Instituto Pasteur	Avenida Paulista 393 Cerqueira César São Paulo Brazil
6	巴西	Núcleo de Pesquisas em Raiva (Laboratório de Virologia Clínica e Molecular do Instituto de Ciências Biomédicas)	Universidade de São Paulo Av. Prof. Lineu Prestes, 1374, room 225° 05508-000 São Paulo Brasil
7	比利时	Sciensano * Scientific Directorate Infectious Diseases in Humans Laboratory of Rabies	14 Rue Juliette Wytsman 1050 Bruxelles Belgium
8	波兰	National Veterinary Research Institut in Pulawy	Al. Partyzantów57 24-100 Pulawy Poland
9	德国	Friedrich-Loeffler-InstitutBundesforschungsinstitut für Tiergesundheit	Südufer 10 17493 Greifswald - InselRiems Germany

续表2

序号	国家	实验室名称	地址
10	德国	VIRO VET Diagnostik UG	Geschaftsführer Prof. Dr. Friedemann Weber Schubertstraße 81 35392 Gießen Germany
11	德国	Eurovir Hygiene-Labor GmbH	ImBiotechnologiepark 9 (TGZ I) 14943 Luckenwalde Germany
12	德国	Vet Med Labor GmbH	Humboldtstraße 2 70806 Kornwestheim (ehemals: 71636 Ludwigsburg) Germany
13	德国	Landesamt für Verbraucherschutz Sachsen-Anhalt Fachbereich 4 Veterinärmedizin	HaferbreiterWeg132 - 135 39576 Stendal Germany
14	德国	Niedersäsisches Landesamt für Verbraucherschutz und Lebensmittelsicherheit Lebensmittel-und Veterinärinstitut	Braunschweig/Hannover Eintrachtweg 17 30173 Hannover Germany
15	俄罗斯	NoviStem LLC	Mosfilmovskaya str., 74B, apart. 79 119192 Moscow Russia
16	俄罗斯	The All Russian State Centre for Quality and Standardisation of Veterinary Drugs and Feed (VGNKI)	5 Zvenigorodskoeshosse 123022 Moscow Russia
17	俄罗斯	Diagnostic and Prevention Research Institute for Human and Animal Diseases (DPRI)	Gamalei str. 16 bld. 2 123098 Moscow Russia

续表3

序号	国家	实验室名称	地址
18	法国	Anses-Laboratoire de la rage et de la faune sauvage de Nancy	Technopole Agricole Veterinaire Dom De Pixerecourt Bat H, CS 40009 54220 Malzéville Cedex France
19	法国	Laboratoire départemental Eau-Vétérinaire-Air	76, chemin Boudou CS 50013 31140 Launaguet France
20	法国	Inovalys Le Mans	128 rue de Beaugé 72018 Le Mans Cedex 2 France
21	芬兰	Finnish Food Authority	Mustialankatu 3 FI-00790 Helsinki Finland
22	韩国	ChoongAng Vaccine Laboratory	1476-37 Yuseong-daeroYuseong-gu, Daejeon Republic of Korea
23	韩国	Seoul Regional Office of Animal and Plant Quarantaine Agency (QIA)	46, Deungchon-ro 39ga-gil, Gangseo-gu, Seoul Republic of Korea
24	韩国	KBNP, INC.	235-9, Chusa-ro, Sinam-myeon, Yesan-gun, Chungcheongnam-do Republic of Korea
25	韩国	Komipharm International Co. Ltd	17 Gyeongie-ro, Siheung-si, Gyeonggi-do, 429-848, Republic of Korea
26	荷兰	Wageningen Bioveterinary Reserch	Houtribweg 39 8221 RA Lelystad Netherlands

续表4

序号	国家	实验室名称	地址
27	柬埔寨	Pasteur Institute of Cambodia	5 Monivong Boulevard BP 983 12200 Phnom Penh Cambodia
28	捷克	State Veterinary Institute Prague The National Reference Laboratory for Rabies	Sídlištní 136/24, 165 03 Praha 6-Lysolaje Czech Republic
29	克罗地亚	Croatian Veterinary Institute	Savska cesta 143, 10000 Zagreb Croatia
30	拉脱维亚	Food Safety, Animal Health and Environment Scientific Institute BIOR Animal Diseases Diagnostic Laboratory	3, Lejupes street, Riga, LV-1076 Latvia
31	立陶宛	National Food and Veterinary Risk Assessment Institute	J. Kairiuksciost. 10 LT-08409 Vilnius Lithuania
32	罗马尼亚	Institute for Diagnosis and Animal Health	63 Dr. Staicovici Str., sector 5, 050557, Bucharest, Romania
33	美国	DoD Food Analysis & Diagnostic Laboratory	2899 Schofield Road JBSA Fort Sam Houston, TX 78234 United States of America
34	美国	Kansas State University Rabies Laboratory	2005 Research Park Circle Manhattan, 66502 United States of America
35	美国	Auburn University College of Veterinary Medicine Department of Pathobiology Virology Laboratory	261 Greene Hall Auburn, AL 36849 United States of America

续表5

序号	国家	实验室名称	地址
36	美国	Centers for Disease Control and Prevention Rabies Laboratory	1600 Clifton Road, NE Atlanta, GA 30333 United States of America
37	墨西哥	Centro Nacional de Servicios de Diagnóstico en Salud Animal (CENASA)	Km. 37.5 de la Carretera México-Pachuca, 55740 Tecamac Mexico
38	南非	ARC-Onderstepoort Veterinary Institue Rabies Unit	Private Bag X05 Onderstepoort 0110 South Africa
39	葡萄牙	INIAV (InstitutoNacional de InvestigaçãoAgrária e Veterinária, I. P.) - Sede	AvenidaDa República, Quinta do Marquês, Edificio principal-LNRSA 2780-157 Oeiras Portugal
40	日本	Research Institute for Animal Science in Biochemistry and Toxicology	3-7-11, Hashimotodai, Midori-ku Sagamihara Kanagawa, 252-0132 Japan
41	日本	Animal Quarantine Service, Ministry of Agriculture, Forestry and Fisheries	11-1 Haramachi, Isogoku Yokohama, 235-0008Japan
42	瑞典	Statens Veterinärmedicinska Anstalt (SVA)	Viruslaboratoriet SE-751 89 Uppsala Sweden
43	瑞士	Institute of Virology and Immunology IVI Swiss Rabies Center	Laenggass-Strasse 122 PO Box CH-3001 Bern Switzerland
44	塞尔维亚	Pasteur Institute	HajdukVeljkova 1, 21137 Novi Sad, 402007 Serbia
45	斯洛伐克	State Veterinary and Food Institute-Veterinary Institute Zvolen	Pod Dráhami 918, Zvolen Slovakia

续表6

序号	国家	实验室名称	地址
46	斯洛文尼亚	University of Ljubljana Veterinary faculty National Veterinary Institute	Gerbičeva 60 SI-1000 Ljubljana Slovenia
47	突尼斯	Pasteur Institute of Tunis. Rabies laboratory	13 place Pasteur BO 74 1002 Tunis Belvedere Tunisia
48	泰国	The National Institute of Animal Health	50/2 Kasetklang, Ladyao, Chatuchak Bangkok 10900 Thailand
49	土耳其	Veterinary Control Central Research Institute	Ahmet Sefik Kolayli Cad. N°21/21-A 06020 Etlik - Ankara Turkey
50	乌克兰	State Scientific and Research Institute of Laboratory Diagnostics and Veterinary Sanitary Expertise	30, Donetskaya Str. Kyiv-151, 03151 Ukraine
51	乌克兰	NeoVetlab Ukraine LTD	11, Akademika Viliamsa Str. Building 1, Apt. 101 Kyiv 03191 Ukraine
52	乌克兰	State Scientific Control Institute of Biotechnology and Strains of Microorganisms. Department of Biotechnology and Quality Control of Viral Preparations	30, Donetska str. 03151 Kyiv Ukraine
53	西班牙	Laboratorio Central de Sanidad Animal Santa Fe (Granada)	Camino del Jau s/n. C. P: 18320 Santa Fe (Granada) Spain

续表7

序号	国家	实验室名称	地址
54	西班牙	InstitutoValenciano de Microbiología	Masia EI Romeral-Ctra Bétara a San Antonio, Km 0, 3 C. P: 46117 Bétera (Valencia) Spain
55	希腊	Athens Center of Veterinary Institutes Institute of Infectious and Parasitic Diseases Department of Virology	25 Neapoleos Str. GR-15310 AG. Paraskevi, Athens Greece
56	匈牙利	National Food Chain Safety Office'sVeterinary Diagnostic Directorate, Laboratory for Virology	1143 Budapest, Tábornok street 2 Hungary
57	以色列	Rabies Laboratory Kimron Veterinary Institute	Derech Hamacabim street, Bet Dagan 50250 Israel
58	英国	Animal and Plant Health Agency	Rabies Serology/Sample Reception, Animal and Plant Health Agency Woodham Lane New Haw, Addlestone Surrey KT15 3NB Weybridge United Kingdom
59	英国	Biobest Laboratories Ltd	6 Charles Darwin House The Edinburgh Technopole Milton Bridge Nr Penicuik, EH26 0PY United Kingdom
60	意大利	Istituto Zooprofilattico Sperimentale delle Venezie-Dipartimento di Scienze BiomedicheComparate (DSBIO)	V. ledellUniversità, 10-35020 Legnaro (Pd) Italia

续表8

序号	国家	实验室名称	地址
61	意大利	Istituto Zooprofilattico Sperimentale dell'Abruzzo e Molise-Dipartimento di Virologia	Via Campo Boario-64100 Teramo Italia
62	意大利	Istituto Zooprofilattico Sperimentale delle Regioni Lazio e Toscana	Via Appia Nuova, 1411-00178 Roma (Capannelle) Italia
63	智利	Instituto de SaludPublica de Chile Laboratorio Diagnostico de RabiaVirology	Marathon 1000 Nuñoa Santiago Chile
64	中国	National Reference Laboratory for Animal Rabies (Diagnostic Laboratory for Rabies and Wildlife Associated Zoonoses) Changchun Veterinary Research Institute, Chinese Academy of Agricultural Sciences	666 Liuying West Road, Jingyue Economy Development District, Changchun, Jilin 130122, China
65	中国	Centre for Rabies Antibody Assay, Laboratory of Epidemiology, Academy of Military Medical Sciences, Military Veterinary Research Institute	666 Liuying West Road, Jingyue Economy Development District, Changchun, Jilin 130122, China
66	中国	Guangzhou Customs District Technology Center	No. 13, Gangwan Road, Huangpu District, Guangzhou 510700, China
67	中国	Technical Center for Animal, Plant and Food Inspection and Quarantine of Shanghai Customs	No. 1208, Minsheng Rd., Pudong, Shanghai, China
68	中国	Sino Tech world Biologicals Pharmaceutical Co., Ltd(Beijing)	29 Qingfeng West Road, Biological Medicine Base, Daxing District, Beijing China

续表9

序号	国家	实验室名称	地址
69	中国	Animal Disease Diagnostic Center, Institute of Animal Health, Guangdong Academy of Agricultural Sciences	21 Baishigang Street, Tianhe District Guangzhou, Guangdong, 510640 China

附录 6
中华人民共和国海关对进出境快件监管办法

（2003 年 11 月 18 日海关总署令第 104 号公布，根据 2006 年 3 月 28 日海关总署令第 147 号《海关总署关于修改〈中华人民共和国海关对进出境快件监管办法〉的决定》第一次修正；根据 2010 年 11 月 26 日海关总署令第 198 号《海关总署关于修改部分规章的决定》第二次修正；根据 2018 年 5 月 29 日海关总署令第 240 号《海关总署关于修改部分规章的决定》第三次修正；根据 2023 年 3 月 9 日海关总署令第 262 号《海关总署关于修改部分规章的决定》第四次修正）

第一章　总　则

第一条　为加强海关对进出境快件的监管，便利进出境快件通关，根据《中华人民共和国海关法》及其他有关法律、行政法规，制定本办法。

第二条　本办法所称进出境快件是指进出境快件运营人以向客户承诺的快速商业运作方式承揽、承运的进出境货物、物品。

第三条　本办法所称进出境快件运营人（以下简称运营人）是指在中华人民共和国境内依法注册，在海关登记备案的从事进出境快件运营业务的国际货物运输代理企业。

第四条　运营人不得承揽、承运《中华人民共和国禁止进出境物品表》所列物品，如有发现，不得擅作处理，应当立即通知海关并协助海关进行处理。

未经中华人民共和国邮政部门批准，运营人不得承揽、承运私人信件。

第五条 运营人不得以任何形式出租、出借、转让本企业的进出境快件报关权，不得代理非本企业承揽、承运的货物、物品的报关。

第六条 未经海关许可，未办结海关手续的进出境快件不得移出海关监管场所，不得进行装卸、开拆、重换包装、更换标记、提取、派送和发运等作业。

第二章 运营人登记

第七条 运营人申请办理进出境快件代理报关业务的，应当在所在地海关办理登记手续。

第八条 运营人在所在地海关办理登记手续应具备下列条件：

（一）已经获得国务院对外贸易主管部门或者其委托的备案机构办理的《国际货运代理企业备案表》，但法律法规另有规定的除外。

（二）已经领取工商行政管理部门颁发的《企业法人营业执照》，准予或者核定其经营进出境快件业务。

（三）已经在海关办理报关企业备案手续。

（四）具有境内、外进出境快件运输网络和二个以上境外分支机构或代理人。

（五）具有本企业专用进出境快件标识、运单，运输车辆符合海关监管要求并经海关核准备案。

（六）具备实行电子数据交换方式报关的条件。

（七）快件的外包装上应标有符合海关自动化检查要求的条形码。

（八）与境外合作者（包括境内企业法人在境外设立的分支机构）的合作运输合同或协议。

（九）已取得邮政管理部门颁发的国际快递业务经营许可。

第九条 进出境快件运营人不再具备本《办法》第八条所列条件之一或者在一年内没有从事进出境快件运营业务的，海关注销该运营人登记。

第三章 进出境快件分类

第十条 本办法将进出境快件分为文件类、个人物品类和货物类三类。

第十一条　文件类进出境快件是指法律、法规规定予以免税且无商业价值的文件、单证、票据及资料。

第十二条　个人物品类进出境快件是指海关法规规定自用、合理数量范围内的进出境的旅客分离运输行李物品、亲友间相互馈赠物品和其他个人物品。

第十三条　货物类进出境快件是指第十一条、第十二条规定以外的快件。

第四章　进出境快件监管

第十四条　进出境快件通关应当在经海关批准的专门监管场所内进行，如因特殊情况需要在专门监管场所以外进行的，需事先征得所在地海关同意。

运营人应当在海关对进出境快件的专门监管场所内设有符合海关监管要求的专用场地、仓库和设备。

对进出境快件专门监管场所的管理办法，由海关总署另行制定。

第十五条　进出境快件通关应当在海关正常办公时间内进行，如需在海关正常办公时间以外进行的，需事先征得所在地海关同意。

第十六条　进境快件自运输工具申报进境之日起十四日内，出境快件在运输工具离境 3 小时之前，应当向海关申报。

第十七条　运营人应向海关传输或递交进出境快件舱单或清单，海关确认无误后接受申报；运营人需提前报关的，应当提前将进出境快件运输和抵达情况书面通知海关，并向海关传输或递交舱单或清单，海关确认无误后接受预申报。

第十八条　海关查验进出境快件时，运营人应派员到场，并负责进出境快件的搬移、开拆和重封包装。

海关对进出境快件中的个人物品实施开拆查验时，运营人应通知进境快件的收件人或出境快件的发件人到场，收件人或发件人不能到场的，运营人应向海关提交其委托书，代理收/发件人的义务，并承担相应法律责任。

海关认为必要时，可对进出境快件予以径行开验、复验或者提取货样。

第十九条　除另有规定外，运营人办理进出境快件报关手续时，应当按本办法第十一条、第十二条、第十三条分类规定分别向海关提交有关报关单证并办理相应的报关、纳税手续。

第二十条 文件类进出境快件报关时，运营人应当向海关提交《中华人民共和国海关进出境快件KJ1报关单》、总运单（副本）和海关需要的其他单证。

第二十一条 个人物品类进出境快件报关时，运营人应当向海关提交《中华人民共和国海关进出境快件个人物品申报单》、每一进出境快件的分运单、进境快件收件人或出境快件发件人身份证件影印件和海关需要的其他单证。

第二十二条 货物类进境快件报关时，运营人应当按下列情形分别向海关提交报关单证：

对关税税额在《中华人民共和国进出口关税条例》规定的关税起征数额以下的货物和海关规定准予免税的货样、广告品，应提交《中华人民共和国海关进出境快件KJ2报关单》、每一进境快件的分运单、发票和海关需要的其他单证。

对应予征税的货样、广告品（法律、法规规定实行许可证件管理的、需进口付汇的除外），应提交《中华人民共和国海关进出境快件KJ3报关单》、每一进境快件的分运单、发票和海关需要的其他单证。

第二十三条 对第二十条、第二十一条、第二十二条规定以外的货物，按照海关对进口货物通关的规定办理。

第二十四条 货物类出境快件报关时，运营人应按下列情形分别向海关提交报关单证：

对货样、广告品（法律、法规规定实行许可证件管理的、应征出口关税的、需出口收汇的、需出口退税的除外），应提交《中华人民共和国海关进出境快件KJ2报关单》、每一出境快件的分运单、发票和海关需要的其他单证。

对上述以外的其他货物，按照海关对出口货物通关的规定办理。

第五章 进出境专差快件

第二十五条 进出境专差快件是指运营人以专差押运方式承运进出境的空运快件。

第二十六条 运营人从事进出境专差快件经营业务，除应当按本办法第二章有关规定办理登记手续外，还应当将进出境专差快件的进出境口岸、时间、路线、运输工具航班、专差本人的详细情况、标志等向所在地海关登记。如有变更，应当于变更前5个工作日向所在地海关登记。

第二十七条 进出境专差快件应按行李物品方式托运，使用专用包装，并在总包装的显著位置标注运营人名称和“进出境专差快件”字样。

第六章 法律责任

第二十八条 违反本办法有走私违法行为的，海关按照《中华人民共和国海关法》《中华人民共和国海关行政处罚实施条例》等有关法律、行政法规进行处理；构成犯罪的，依法追究刑事责任。

第七章 附 则

第二十九条 本办法所规定的文书由海关总署另行制定并且发布。

第三十条 本办法由海关总署负责解释。

第三十一条 本办法自二〇〇四年一月一日起施行。

附录7
出入境快件检验检疫管理办法

（2001年9月17日国家质量监督检验检疫总局令第3号公布，根据2018年4月28日海关总署令第238号《海关总署关于修改部分规章的决定》第一次修正；根据2018年5月29日海关总署令第240号《海关总署关于修改部分规章的决定》第二次修正；根据2018年11月23日海关总署令第243号《海关总署关于修改部分规章的决定》第三次修正）

第一章 总 则

第一条 为加强出入境快件的检验检疫管理，根据《中华人民共和国进出口商品检验法》《中华人民共和国进出境动植物检疫法》《中华人民共和国国境卫生检疫法》《中华人民共和国食品安全法》等有关法律法规的规定，制定本办法。

第二条 本办法所称出入境快件，是指依法经营出入境快件的企业（以下简称快件运营人），在特定时间内以快速的商业运输方式承运的出入境货物和物品。

第三条 依据本办法规定应当实施检验检疫的出入境快件包括：

（一）根据《中华人民共和国进出境动植物检疫法》及其实施条例和《中华人民共和国国境卫生检疫法》及其实施细则、以及有关国际条约、双边协议规定应当实施动植物检疫和卫生检疫的；

（二）列入海关实施检验检疫的进出境商品目录内的；

（三）属于实施进口安全质量许可制度、出口质量许可制度以及卫生注册登记制度管理的；

（四）其他有关法律法规规定应当实施检验检疫的。

第四条 海关总署统一管理全国出入境快件的检验检疫工作。

主管海关负责所辖地区出入境快件的检验检疫和监督管理工作。

第五条 快件运营人不得承运国家有关法律法规规定禁止出入境的货物或物品。

第六条 对应当实施检验检疫的出入境快件，未经检验检疫或者经检验检疫不合格的，不得运递。

第二章 报 检

第七条 快件运营人应按有关规定向海关办理报检手续。

第八条 快件运营人在申请办理出入境快件报检时，应提供报检单、总运单、每一快件的分运单、发票等有关单证，并应当符合下列要求：

（一）输入动物、动物产品、植物种子、种苗及其他繁殖材料的，应当取得相应的检疫审批许可证和检疫证明；

（二）因科研等特殊需要，输入禁止进境物的，应当取得海关总署签发的特许审批证明；

（三）属于微生物、人体组织、生物制品、血液及其制品等特殊物品的，应当取得相关审批；

（四）属于实施进口安全质量许可制度、出口质量许可证制度和卫生注册登记制度管理的，应提供有关证明。

第九条 入境快件到达海关监管区时，快件运营人应及时向所在地海关办理报检手续。

出境快件在其运输工具离境 4 小时前，快件运营人应向离境口岸海关办理报检手续。

第十条 快件运营人可以通过电子数据交换（EDI）的方式申请办理报检，海关对符合条件的，应予受理。

第三章 检验检疫及处理

第十一条 海关对出入境快件应以现场检验检疫为主，特殊情况的，可以取样作实验室检验检疫。

第十二条 海关对出入境快件实行分类管理：

A 类：国家法律法规规定应当办理检疫许可证的快件；

B 类：属于实施进口安全质量许可制度、出口质量许可制度以及卫生注册登记制度管理的快件；

C 类：样品、礼品、非销售展品和私人自用物品；

D 类：以上三类以外的货物和物品。

第十三条 入境快件的检验检疫：

（一）对 A 类快件，按照国家法律法规和相关检疫要求实施检疫；

（二）对 B 类快件，实施重点检验，审核进口安全质量许可证或者卫生注册证，查看有无进口安全质量许可认证标志或者卫生注册标志。无进口安全质量许可证、卫生注册证或者无进口安全质量许可标志或者卫生注册标志的，作暂扣或退货处理，必要时进行安全、卫生检测；

（三）对 C 类快件，免予检验，应实施检疫的，按有关规定实施检疫；

（四）对 D 类快件，按 1%~3%的比例进行抽查检验。

第十四条 出境快件的检验检疫：

（一）对 A 类快件，依据输入国家或者地区和中国有关检验规定实施检疫；

（二）对 B 类快件，实施重点检验，审核出口质量许可证或者卫生注册证，查看有无相关检验检疫标志、封识。无出口质量许可证、卫生注册证或者相关检验检疫标志、封识的，不得出境；

（三）对 C 类快件，免予检验，物主有检疫要求的，实施检疫；

（四）对 D 类快件，按 1%～3%的比例进行抽查检验。

第十五条 入境快件经检疫发现被检疫传染病病原体污染的或者带有动植物检疫危险性病虫害的以及根据法律法规规定须作检疫处理的，海关应当按规定实施卫生、除害处理。

第十六条 入境快件经检验不符合法律、行政法规规定的强制性标准或者其他必须执行的检验标准的，必须在海关的监督下进行技术处理。

第十七条 入境快件经检验检疫合格的，签发有关单证，予以放行；经检验检疫不合格但经实施有效检验检疫处理，符合要求的，签发有关单证，予以放行。

第十八条 入境快件有下列情形之一的，由海关作退回或者销毁处理，并出具有关证明：

（一）未取得检疫审批并且未能按规定要求补办检疫审批手续的；

（二）按法律法规或者有关国际条约、双边协议的规定，须取得输出国官方出具的检疫证明文件或者有关声明，而未能取得的；

（三）经检疫不合格又无有效方法处理的；

（四）本办法第二十二条所述的入境快件不能进行技术处理或者经技术处理后，重新检验仍不合格的；

（五）其他依据法律法规的规定须作退回或者销毁处理的。

第十九条 出境快件经检验检疫合格的，签发相关单证，予以放行。经检验检疫不合格的，不准出境。

第二十条 海关对出入境快件需作进一步检验检疫处理的，可以予以封存，并与快件运营人办理交接手续。封存期一般不得超过 45 日。

第二十一条 对出入境快件作出退回或者销毁处理的，海关应当办理有关手续并通知快件运营人。

第二十二条 快件运营人应当配合检验检疫工作，向海关提供有关资料和必要的工作条件、工作用具等，必要时应当派出人员协助工作。

第四章 附 则

第二十三条 对通过邮政出入境的邮寄物的检疫管理适用《进出境邮

寄物检疫管理办法》。

第二十四条 对违反本办法规定的，依照有关法律法规的规定予以处罚。

第二十五条 本办法由海关总署负责解释。

第二十六条 本办法自 2001 年 11 月 15 日起施行。

参考文献

[1] 李艺娟，陈小帆，刘佳琪，等．中澳入境旅客携带物检疫的分析比较［J］．植物检疫，2016，30（1）：9-13.

[2] 顾忠盈，周奕景，赵增连，等．论中国特色进出境动植物检验检疫的风险管理［J］．植物检疫，2013，27（6）：30-35.

[3] 李君实．关于构建海关国门生物安全防控体系的对策研究［N］．中国国门时报，2020-11-04（004）.

[4] 彭志生，陈茹，赵增连，等．美国进出口动物检疫管理体系和法律法规体系简介［J］．中国检验检疫，2003（2）：41-42.

[5] 施宗伟，安榆林，王益愚，等．防范外来有害生物入侵的形势和任务［C］//外来有害生物检疫及防除技术学术研讨会论文汇编. 2005.

[6] 袁瑜楠，蔡霞．筑牢非贸渠道生物安全防线［N］．中国国门时报，2021-05-14（004）.

[7] 周明华，游忠明，吴新华，等．“国门生物安全”概念辨析[J]．植物检疫，2016，30（6）：6-12.

[8] 王雅丽，王利，刘萃波．美国国门生物安全管理及启示［J］．中国口岸科学技术，2020（8）：21-25.

[9] 董强．海关视阈下的国门生物安全防控机制研究［J］．质量安全与检验检测，2021，31（S1）：38-41.

[10] 黄静，孙双艳，马菲．新西兰《生物安全法》及相关法规和要求［J］．植物检疫，2020，34（4）：81-84.

[11] 黄波，毕坤，张艳萍，等．澳大利亚外来入侵物种管理策略及对中国的借鉴意义［J］．农学学报，2020，10（11）：96-100.

[12] 翟欢．澳大利亚生物安全体系及其启示［J］．世界农业，2020（10）：27-35；135.

[13] 吴松浩．论我国进出境动物检疫法律制度的完善［D］．上海：复旦大学，2009.

[14] 许渭根．我国植物检疫体系的现状与进入 WTO 后所面临的挑战和对策 [D]．杭州：浙江大学，2005.

[15] 翟金龙．口岸旅客携带物检疫查验工作研究 [D]．北京：北京邮电大学，2017.

[16] 周丽丽，高晓晓，魏宏，等．实施《生物安全法》提高我国进境植物检疫水平 [J]．中国植保导刊，2021，41 (7)：5-8.

[17] 程利利．我国旅邮检口岸动植物检疫执法依据的问题及完善对策 [D]．济南：山东大学，2019.

[18] 冯学平．澳大利亚动植物检疫检验扫描 [J]．中国检验检疫，2005 (3)：25-26.

[19] 周俊萍，郑华，过赋文，等．检疫犬的管理与应用 [J]．中国动物检疫，2017，34 (12)：32-35.

[20] 郑传发，刘佳琪，韦兵，等．澳大利亚检疫犬应用模式对我国出入境检疫的启示 [J]．中国动物检疫，2016，33 (6)：36-39.

[21] 王春林，郭永田，刘书社，等．欧盟植物检疫概况 [J]．世界农业，2003 (7)：29-31.

[22] 耿秉晋．美国的入境旅客动植物检疫和垃圾处理 [J]．世界农业，1990 (7)：29-30.

[23] 曹大海，刘阳中．试析《生物安全法》与海关执法 [J]．口岸卫生控制，2021，26 (1)：5-9；28.

[24] 陈茂盛，杜桦，周帆．进境邮寄物应纳入风险分类监管 [J]．中国检验检疫，2017 (11)：88-89.

[25] 黄茫茫，马国栋，陈攀．国际邮件邮寄进境动物检疫风险分析 [J]．中国动物检疫，2018，35 (4)：35-37.

[26] 李旭，王晓茁，肖瑾，等．天津口岸进境邮寄物检疫风险探析 [J]．植物检疫，2015，29 (5)：71-73.

[27] 邵柏，赵风源，孙蕾．全面落实《生物安全法》有效防范和应对国门生物安全风险 [J]．口岸卫生控制，2021，26 (2)：20-23.

[28] 王聪，国新玥，张燕平，等．国内外进境邮寄物检疫风险管理比较研究 [J]．植物检疫，2019，33 (6)：53-56.

[29] 吴晶，李井干，殷连平，等．中澳新进境邮寄物检疫的比较与分

析［J］．植物检疫，2016，30（5）：14-17.

［30］曹彬．海关进出境快件监管风险管理问题及对策研究［D］．天津：天津财经大学，2020.

［31］刘雨芃．我国海关国际快件风险防控研究［D］．上海：上海财经大学，2020.

［32］田飞．解析国际贸易与国际物流之间的关系［J］．中国商论，2019（17）：104-105.

［33］王菲易，黄胜强．海关、口岸安全与国家安全——关检融合后海关安全准入职能的内涵与趋势研究［J］．海关与经贸研究．2019（3）：1-16.

［34］张昭，金环．浅析国际物流对我国对外贸易经济的促进［J］．时代金融，2018（24）：169.

［35］海关总署研究室-上海海关学院联合课题组．探索建立先进的服务贸易海关监管机制［J］，科学发展，2018（2）：57-66.

［36］刘家君，郑岚姿，陈洽．实施全球质量溯源在推进“品质中国”建设中的探索［J］．财经界（学术版），2017（24）.

［37］凌定成，廖日卿．基于流程管理的海关物流监控风险管理的实现途径探讨［J］．海关与经贸研究，2017（6）.

［38］娄泽黎，沈斌．浅议“厚数据”思维下的我国海关“智慧风险管理”［J］．中国市场，2017（30）.

［39］陈海燕，常连玉．全球购背景下我国快递企业跨境发展的思考［J］．江苏商论，2016（1）.

［40］宋加强，王强．现代服务贸易国际竞争力影响因素研究——基于跨国面板数据［J］．国际贸易问题，2014（2）.

［41］李新民，徐倩，陶黎，等．国外海关风险管理的经验及对我国海关的启示［J］．上海：上海海关学院学报，2013（4）.

［42］潘骁．海关风险防控管理体系建设探索［D］．上海：上海交通大学，2014.

［43］陈玲．我国海关风险管理研究［D］．南京：南京大学，2014.

［44］梁瑜，许卓然，刁清，等．跨境电商入境动植物产品的检验检疫风险防控［J］．中国经济导刊，2015（10）：67-68.

［45］周榆丰，朱林颢，詹昊谕，等．关检融合背景下新时期跨境电商海关风险监管相关问题及对策研究——以上海海关为例［J］．科技经济导刊，2020，28（23）：230.

［46］艾瑞咨询研究院．2018 年中国跨境进口零售电商行业发展研究报告［R］．上海：艾瑞咨询研究院，2018.

［47］海关总署监管司．中国跨境电商发展年鉴［M］．北京：中国海关出版社，2017.

［48］孙颖，周心怡，张淑敏．构建跨境电商国门生物防控体系［N］．中国国门时报，2017-12-25（3）．

［49］陈文俊，王丽萍，周明华，等．跨境电商对动植物检疫工作的影响及对策［J］．植物检疫，2016，30（5）：84-87.

［50］周东城．跨境电商海关监管问题研究［D］．武汉：华中师范大学，2020.

［51］费威．我国跨境电商进口食品安全的监管应对［J］．学习与实践，2019（12）：66-73.

［52］何辉，李琳．电商发展对快件监管模式的影响［N］．中国国门时报，2015-12-17（3）．

［53］朱亮．跨境电商海关监管问题研究——基于海口海关的案例研究［D］．海口：海南大学，2018.

［54］刘令．进口 B2C 跨境电商的海关监管问题研究——以重庆海关为例［D］．重庆：西南政法大学，2019.

［55］邓穗涛．跨境电商零售贸易的海关监管问题研究——以广州海关为例［D］．广州：华南理工大学，2020.

［56］阿里研究院．阿里商业评论：跨境电商［R］．杭州：阿里研究院，2016.

［57］World Customs Organization. E-Commerce Package［OL］. http：//www. wcoomd. org/en/topics/facilitation/instrument-and-tools/frameworks-of-standards/ecommerce. aspx.